助力乡村振兴 种植致富丛书
ZHULI XIANGCUN ZHENXING ZHONGZHI ZHIFU CONGSHU

U0455192

DADOU GAOXIAO ZAIPEI
JI BINGCHONGHAI FANGZHI

大豆高效栽培及病虫害防治

李莎莎 编著

内蒙古人民出版社

图书在版编目（CIP）数据

大豆高效栽培及病虫害防治 / 李莎莎编著 . -- 呼和浩
特 : 内蒙古人民出版社 , 2025.1
（助力乡村振兴 种植致富丛书）
ISBN 978-7-204-17397-6

Ⅰ . ①大… Ⅱ . ①李… Ⅲ . ①大豆—高产栽培—栽培技术
②大豆—病虫害防治 Ⅳ . ① S565.1 ② S435.651

中国国家版本馆 CIP 数据核字 (2023) 第 012034 号

助力乡村振兴 种植致富丛书

大豆高效栽培及病虫害防治

作　　者	李莎莎
责任编辑	郝　乐
封面设计	刘那日苏
出版发行	内蒙古人民出版社
地　　址	呼和浩特市新城区中山东路 8 号波士名人国际 B 座 5 楼
印　　刷	内蒙古爱信达教育印务有限责任公司
开　　本	880mm×1230mm　1/32
印　　张	3.375
字　　数	100 千
版　　次	2025 年 1 月第 1 版
印　　次	2025 年 1 月第 1 次印刷
印　　数	1—2000 册
书　　号	ISBN 978-7-204-17397-6
定　　价	32.00 元

如发现印装质量问题，请与我社联系。联系电话：（0471）3946120

前　言

　　我国是农业大国，党的十八大以来，经过八年齐心协力的脱贫攻坚，让全国几千万农民摆脱了贫困，生活水平全方位提高。实现社会主义农业现代化的出路在于科技与教育，鉴于此，我们精心推出"助力乡村振兴，种植致富丛书"，旨在普及、推广现代种植业的科技知识，为农民致富、农村经济发展尽我们的绵薄之力。

　　"助力乡村振兴，种植致富丛书"是一套指导农民科学、高效种植的专业图书，共包含《白菜高效栽培及病虫害防治》《油菜高效栽培及病虫害防治》《黑木耳高效栽培及病虫害防治》《牧草高效栽培及病虫害防治》《大豆高效栽培及病虫害防治》《韭蒜葱高效栽培及病虫害防治》六个分册。本套丛书采用图文结合的方式，以通俗易懂的语言，全面、系统地介绍了农作物种植技术及病虫害防治知识，力求使读者一读就懂，一看就会。

　　本丛书编写工作得到了有关农业研究单位、农业院校诸多农学专家的大力支持，这些年轻有为的农学专家都是有着丰富理论和实践经验的专业人员，在编写中注重知识的实用性与准确性，突出技术的科学性与可操作性，并选用行业发展的最前沿信息，以期切实指导农民增产增收，为他们走上致富之路提供助力。

丛书编委会

主　编　赵　源

副主编　乔蓬蕾　元　秀

编　委　赵　源　乔蓬蕾　李莎莎　徐凤敏
　　　　　张艳云　崔　斌　邓　颖

目　录

第一章　大豆优良品种

一、高产品种

1. 鲁豆4号　鲁豆4号由山东省农业科学院作物研究所育成。有限结荚习性。株高60~80厘米，主茎14节左右，茎秆粗壮，株型紧凑。叶片中大、卵圆形。白花，棕色茸毛。黄色种皮，褐脐，百粒重18克左右。籽粒含蛋白质41%，含脂肪21.5%。生育期约90天，属夏播早熟品种。高抗病毒病，抗霜霉病，抗逆性强，适应范围广，喜肥水，抗倒伏。

大豆

大田丰产栽培一般亩产 150~200 千克,有 250 千克的潜力。在山东省大豆品种区域试验中,平均较对照品种文丰 5 号增产 20.2%。在国家黄淮海大豆区域试验中,增产显著,产量居供试品种之首。

该品种主要适于山东、河北、河南、山西、江苏、安徽等地种植。栽培密度:高肥地亩留苗 1.5 万株,中等以上地力 1.6 万 ~2.0 万株,一般地力 2.0 万 ~2.5 万株。

2. 菏豆 12 号 菏豆 12 号是山东省菏泽市农业科学研究所育成的大豆新品种。2002 年通过山东省农作物品种审定委员会审定。有限结荚习性。株型收敛,根系发达。叶片中大、卵圆形。白花,茸毛灰色。成熟时荚皮呈黄褐色,不炸荚。株高 75 厘米左右,主茎 16~18 节,有效分枝 1~3 个。一般单株结荚 30~40 个,单株粒数 60~90 粒,籽粒椭圆形,种皮黄色,褐脐,百粒重 24.8 克。籽粒蛋白质含量 43.2%,粗脂肪含量 18.18%。抗大豆花叶病毒病,抗倒伏。夏播生育期 100~105 天,属中晚熟品种。

在山东省大豆品种区域试验中,鲁南、鲁北片两年平均亩产 206.7 千克,比对照品种鲁豆 11 号增产 5%;在鲁南、鲁北片大豆生产试验中,平均亩产 199.0 千克,比对照品种鲁豆 11 号增产 15.2%。

该品种适宜在鲁南、鲁北等地夏播种植。6 月上中旬播种,亩留苗 1.2 万 ~1.5 万株,花荚期注意保证肥水供应。

3. 中黄 25 中黄 25 由中国农业科学院作物研究所育成。2003 年通过国家农作物品种审定委员会审定。亚有限结荚习性,株型收敛。株高 90 厘米左右,有效分枝 1~2 个。花紫色,茸毛灰色,叶片圆形。种皮黄色,脐褐色,籽粒椭圆形,百粒重 22 克。籽粒蛋白质含量 43.35%,脂肪含量

19.86%。生育期 108 天。抗逆性强，落叶性好，不裂荚。

2000 年在国家黄淮海（北片）区域试验中，平均亩产 199.1 千克，比对照早熟 18 增产 11.29%。2001 年生产试验平均亩产 196.13 千克。

该品种适合在北京、河北中部、天津、山东西北部、山西中部平川地区中等肥力土壤夏播种植。6 月中旬播种，适宜密度亩留苗 1.4 万 ~1.6 万株。

4. 商豆 1099 商豆 1099 由河南省商丘市农业科学研究所育成。2003 年通过国家农作物品种审定委员会审定。有限结荚习性，株型收敛。株高 78.2 厘米，单株平均有效荚数 51.2 个。花紫色，茸毛棕色，叶片圆形。籽粒扁圆形，种皮黄色，脐褐色，百粒重 14.7 克。籽粒蛋白质含量 41.5%，脂肪含量 21.8%。抗病性较好，抗倒伏。

2000 年在国家黄淮海（南片）区域试验中，平均亩产 188.4 千克，比对照中豆 20 增产 14.9%。2001 年生产试验平均亩产 184.1 千克，比对照中豆 20 增产 12.03%。

该品种适宜在河南东南部、安徽、江苏淮北地区、山东西南部夏播种植。6 月上中旬播种，密度亩留苗 1.0 万 ~1.2 万株。

5. 吉育 65 吉育 65 由吉林省农业科学院大豆研究所育成。2003 年通过国家农作物品种审定委员会审定。亚有限结荚习性，株型收敛。株高 98.9 厘米，单株平均有效荚数 42.7 个。花白色，叶片圆形。籽粒圆形，种皮黄色，脐黄色，百粒重 21.6 克。籽粒蛋白质含量 39.4%，脂肪含量 20%。抗病性较好，抗倒伏。平均生育期 144 天左右。

在国家北方春大豆区域试验中，平均亩产 201.3 千克，比对照吉林 30 增产 7.5%。生产试验平均亩产 185.2 千克，比对照吉林 30 增产 6.4%。

该品种适宜在吉林省中晚熟区、辽宁省东部山区、内蒙古赤峰、甘肃省河西地区、新疆伊宁和石河子地区春播种植。4月末至5月初播种。每亩播种量8千克，亩留苗1.1万~1.3万株。

6. 黑河23　黑河23由黑龙江省农业科学院黑河农业科学研究所育成。2003年通过国家农作物品种审定委员会审定。亚有限结荚习性，株型收敛。株高73.2厘米，单株平均有效荚数30.1个。花白色，叶片披针形。籽粒圆形，种皮黄色，脐黄色，百粒重18.7克。籽粒蛋白质含量41.7%，脂肪含量19.5%。抗病性较好，抗倒伏。平均生育期112天。

在国家北方春大豆区域试验中，平均亩产184.3千克，比对照黑河9号增产7.9%。生产试验平均亩产174.1千克，比对照黑河9号增产10%。适宜在内蒙古兴安盟和呼伦贝尔市早熟区、吉林省东部早熟区、黑龙江省早熟区春播种植。5月上旬播种，亩留苗2.0万株左右。

二、高蛋白品种

1. 鲁豆10号　鲁豆10号（8047）由山东省农业科学院作物研究所育成。有限结荚习性。株高60~70厘米，主茎发达，节间短，短果枝多。叶片中大、卵圆形。白花，灰色茸毛。扁圆形籽粒，种皮黄色，脐褐色，百粒重20克左右。籽粒蛋白质含量46.5%，脂肪含量18.5%。高抗倒伏，抗旱、耐涝性好，高抗大豆花叶病毒病，抗霜霉病。生育期104天。

高肥水地块一般亩产200千克左右，高者达270多千克。较对照鲁豆2号、鲁豆4号、鲁豆7号、豫豆8号平均增产11.6%。主要适于山东、河南东部、安徽北部、江苏徐淮等地夏播种植。高肥地亩留苗1.4万株，中等以上肥力地块 1.7 万株，在淮北应提高到每亩 2.0 万~2.3 万株。播前增施有机肥或磷肥作基肥，播种时底墒要足。分枝到初花期每亩追施氮、磷、钾复合肥 5~10 千克，增产效果显著。花荚期、鼓粒期保证肥水供应，确保荚大、粒饱。及时防治蚜虫、造桥虫、卷叶虫、豆天蛾、豆荚螟等害虫。

2. 鲁豆 12 号 鲁豆 12 号由山东省济宁市农业科学研究所育成。1996 年通过山东省农作物品种审定委员会审定。有限结荚习性，株型收敛。株高 75 厘米左右，底荚高 12 厘米，主茎 18 节，单株有效分枝 2~5 个，多者达 9 个。中下部叶片呈椭圆形，顶部叶呈披针形，花白色，茸毛灰色。单株平均有效荚数 60 个左右，平均每荚 2.4 粒，粒近圆形，脐淡褐色，种皮黄色有光泽，百粒重 20~24 克，粒质优良。籽粒蛋白质含量 45%，脂肪含量 19%。抗病毒病，抗倒伏，不裂荚。生育期 102 天。

一般亩产 200 千克左右，高产地块有亩产 300 千克的潜力。在山东省区域试验中，两年平均亩产 140.8 千克，比对照鲁豆 2 号增产 10.8%。1993 年鱼台县罗屯乡张集村大面积蒜茬地种植，亩产 250 千克。伊集村种植 2.56 亩高产田，平均亩产 301.4 千克。适于山东中部、南部及西部，苏北、皖北及豫北夏大豆产区种植。一般亩留苗 1.0 万株左右，不宜超过 1.2 万株。夏播适宜播期 6 月 10~20 日，可延至 6 月底播种。施底肥，初花期每亩追施 10~15 千克氮、磷、钾复合肥。遇旱及时浇水，鼓粒中后期浇水更为重要。及时灭除杂草，防治大豆虫害。

3. 鲁豆 13 号 鲁豆 13 号由滨州地区农业科学研究所育成，为国内首个高产抗豆荚螟品种。1996 年通过山东省农作物品种审定委员会审定。有限结荚习性，主茎发达，株型收敛，秸秆直立。株高一般在 80 厘米左右，

高肥水栽培条件下可达100厘米，分枝少而短。夏播主茎节数16~18节，春播可达23节，底荚高16厘米左右。耐肥水，抗倒伏。圆形叶，叶色深绿，白花，茸毛灰色、密而硬。浅褐色荚，荚皮较坚硬，3粒荚居多。籽粒圆形，种皮黄色有光泽，褐脐，无紫斑粒，百粒重17克左右。籽粒蛋白质含量45.3%，脂肪含量20.8%。抗病性好，抗豆荚螟，抗旱、耐涝、耐贫瘠、耐盐碱，适应性强。

在山东省大豆新品种区域试验中，两年平均亩产135.1千克，比对照鲁豆2号增产11.45%。在山东省大豆新品种生产试验中，平均亩产167.9千克，比对照鲁豆2号增产14.2%。省内外区域试验和引种试验结果表明，该品种适宜在黄淮海夏大豆产区推广种植。亦可在4月底或5月初作春播品种种植。

适时早播，夏播力争在6月20日前完成，麦田套种有利于高产。亩留苗2.0万~2.5万株。播种前每亩施优质农家肥1200~1500千克或50千克氮、磷、钾复合肥作底肥，分枝到初花期每亩追施复合肥10~15千克。花期可喷植物生长调节剂，以保花增荚。生长过旺田可喷多效唑，以增强抗倒能力。遇旱及时浇水。成熟时表现轻度裂荚，应注意适时早收。

4. 齐黄26 齐黄26由山东省农业科学院作物研究所育成。1999年通过山东省农作物品种审定委员会审定。有限结荚习性，株型直立收敛。株高75.3厘米，平均有效分枝2.5个，主茎14.5节，底荚高度12.6厘米。单株有效荚46个，单株平均粒数99.2粒，单株粒重17.7克。叶圆，花白色，茸毛棕色。籽粒圆形，种皮黄色，脐褐色，百粒重23克左右。籽粒蛋白质含量46.1%，脂肪含量18.4%。抗花叶病毒病及霜霉病。半落叶，不裂荚，高抗倒伏。生育期105天左右，属中晚熟夏大豆品种。

在山东省大豆区域试验中，平均亩产 175.97 千克，列首位。在山东省大豆新品种生产试验中，平均亩产 185.23 千克，列第一位，比对照鲁豆 11 号增产 17%。齐黄 26 适于鲁中和鲁西南两大豆产区及豫、皖、苏等地夏播种植。对土壤的要求不严格，沙质土、砂壤土、壤土、黏壤土或黏土均可种植。以土层深厚，排水良好，有机质含量丰富的土壤更为适宜。适于单作，也可间作套种，忌连作。足墒播种。花期每亩追施复合肥 15 千克，鼓粒初期每亩追施 10 千克尿素。在分枝、开花、结荚、鼓粒期遇旱浇水，确保花多、荚大、粒饱。注意防治病虫害。

5. 齐黄 27 齐黄 27 由山东省农业科学院作物研究所育成。2000 年通过国家农作物品种审定委员会审定。有限结荚习性，株型紧凑。株高 60~80 厘米，属半矮秆品种，主茎 15~16 节，平均分枝 0.6~0.7 个。叶片宽披针形，白花，棕色茸毛，秆强，多短果枝，荚密，多三四粒荚。籽粒椭圆形，种皮黄色，种脐褐色，百粒重 19~22 克。籽粒蛋白质含量 45%，脂肪含量 19.2%。夏播生育期 100~105 天。该品种高抗大豆花叶病毒病，高抗倒伏，不裂荚。

在国家黄淮海（中片）大豆区域试验和生产试验中，亩产量分别为 180.1 千克和 171.7 千克，分别居试验第一位和第二位。平均较鲁豆 4 号增产 18.6%，较鲁豆 11 号增产 10.2%。适宜在山东、河北、河南、山西的部分地区种植。山东、河北种植密度以每亩 1.3 万 ~1.5 万株为宜，豫北、山西等地种植密度以每亩 1.5 万 ~1.8 万株为好。播前以优质农家肥或复合肥作底肥，分枝期、初花期每亩追施氮、磷、钾复合肥 15~20 千克。分枝、开花、结荚、鼓粒期遇旱浇水，确保荚多粒饱。及时防治害虫。

6. 鲁宁 1 号　鲁宁 1 号由济宁市农业科学研究所育成。2003 年通过国家农作物品种审定委员会审定。有限结荚习性，株高 60~95 厘米，株型紧凑。叶片小。圆形籽粒，种皮黄色有光泽，种脐淡褐色，百粒重 12~16 克。籽粒蛋白质含量 45.3%~45.9%，脂肪含量 18.3%~20.1%。高抗倒伏，耐密植。夏播生育期 95~100 天。

1998 年在国家黄淮海（南片）大豆品种区域试验和生产试验中，平均亩产 164.1 千克，比对照豫豆 8 号增产 9.3%。2000 年在黄淮海南片生产试验中，平均亩产 190.5 千克，比对照中豆 20 增产 5.7%。适宜在山东西南部、江苏徐州地区夏播种植。在中等肥力地块亩留苗 2 万株左右，肥力中等偏下地块亩留苗 2.5 万株左右。加强肥水管理，保证肥水充足。

7. 冀豆 12　冀豆 12 由河北省农林科学院粮油作物研究所育成。2003 年通过国家农作物品种审定委员会审定。春播生育期 149 天，夏播生育期 100 天左右。株高春播 85.1 厘米，夏播 70~80 厘米。春播单株平均有效荚数 43.6 个，夏播 36.5 个。花紫色，茸毛灰色，叶片圆形，籽粒椭圆形。百粒重春播 21.4 克，夏播 22~24 克。籽粒蛋白质含量 46.4%，脂肪含量 17.5%。

在国家黄淮海（北片）区域试验中，平均亩产 195.4 千克，比对照早熟 18 增产 7.5%。生产试验平均亩产 170.5 千克，比对照增产 4.7%。在国家西北春大豆区域试验中，平均亩产 172.4 千克，比对照增产 19.1%。适合在河北、北京、天津、山东中北部、山西中南部、新疆南部、宁夏银川、陕西北部、甘肃中部地区种植。夏播播期 6 月 10~25 日，春播 5 月上中旬为宜。中等以上肥力亩留苗 1.5 万株左右，肥力较低土壤亩留苗 2 万株。

三、高脂肪品种

1. 鲁豆 11 号　鲁豆 11 号由潍坊市农业科学院作物研究所育成。1995 年通过山东省农作物品种审定委员会审定。有限结荚习性，植株直立，株型紧凑。圆形叶，叶片厚。紫色花，棕色茸毛。荚密，荚多。籽粒椭圆形，种皮黄色有光泽，种脐褐色，百粒重 20 克左右。籽粒蛋白质含量 38% 左右，脂肪含量 21.5%~22.5%。高抗倒伏，抗大豆花叶病毒病、霜霉病，耐大豆胞囊线虫病。夏播生育期 94 天左右。

一般亩产 200 千克左右，高产地块亩产可达 250 千克。适合山东全省夏播种植，在鲁中、鲁北种植更能发挥其早熟高产的优势。合理密植，中等肥力地块亩留苗 1.8 万 ~2.0 万株，高肥水地块亩留苗 1.5 万 ~1.8 万株。有条件的可施农家肥和磷肥作基肥，初花期追施少量的氮肥和钾肥，每亩 3~5 千克为宜。开花、结荚、鼓粒期遇旱及时浇水。注意防治病虫害。在山东鲁豆 11 号的适宜播期为 6 月 10 日至 6 月 25 日。

2. 齐黄 28　齐黄 28 由山东省农业科学院作物研究所育成。2003 年通过国家农作物品种审定委员会审定。有限结荚习性，株型直立收敛。株高 70~85 厘米，主茎 16 节，平均有效分枝 1.5~3.1 个。荚密，多二三粒荚，单株平均有效荚数 46.9 个。叶卵圆形，叶片中等大小，花白色，茸毛棕色。籽粒椭圆形，种皮淡黄色微有光泽，脐褐色，百粒重 18~20 克。籽粒蛋白质含量 40.1%，脂肪含量 22.3%。高抗大豆胞囊线虫 1、3、5 号生理小种，高抗大豆花叶病毒病，抗霜霉病，抗倒伏。夏播生育期 100~104 天。

连续 4 年济南点试验平均亩产 232.1 千克，较对照鲁豆 11 号增产

15.5%。在国家黄淮海（中片）夏大豆区域试验中，平均亩产173.17千克，比对照鲁豆11号增产5.2%。适合在山东、河北、河南、山西、陕西等地区种植。适于中等以上肥力种植。种植密度一般每亩1.3万~1.5万株，山东南部1.8万株，豫北等地每亩2万株。播前施用优质农家肥和磷肥作基肥，开花结荚期每亩追施氮、磷、钾复合肥5~10千克。出苗后及时间苗，定苗。开花、结荚、鼓粒期遇旱及时浇水。注意防治病虫害。

3. **齐黄29**　齐黄29由山东省农业科学院作物研究所育成。2003年通过国家农作物品种审定委员会审定。有限结荚习性。株高75~85厘米，主茎15节，茎秆粗壮，短果枝多。叶片中等大小、卵圆形。花紫色，茸毛棕色。结荚密，多二三粒荚。种皮黄色，籽粒椭圆形，种脐褐色，百粒重20克左右。籽粒含蛋白质42.18%，脂肪含量22%。成熟时荚呈褐色，不裂荚，落叶性好。夏播生育期95天左右。高抗大豆胞囊线虫1、3、5号生理小种，抗花叶病毒病、霜霉病、细菌性斑点病等，高抗倒伏。

在国家黄淮海（北片）夏大豆区域试验中，平均亩产198.7千克，比对照早熟18增产5.4%。在济南产量试验中表现高产，两年平均亩产243.25千克，比对照鲁豆11号增产18%。适于山东、北京、天津及河北省的中部、南部等地种植。种植密度一般每亩1.6万~1.8万株。在大豆胞囊线虫病地种植更能发挥增产作用。分枝、结荚、鼓粒期遇旱要及时浇水。在苗期、初花期每亩追施氮、磷、钾复合肥10~20千克。生育期间对常见大豆害虫要及时防治。

4. **滨职豆1号**　滨职豆1号由滨州职业技术学院育成。2003年通过山东省农作物品种审定委员会审定。夏播生育期102天左右。亚有限结荚习性，株型收敛。株高103厘米，平均有效分枝1.0个，主茎18节，结荚高度 14.3 厘米，单株平均有效荚数 35 个，单株平均粒数 97 粒。叶片披针形，花紫色，茸毛棕色。籽粒椭圆形，种皮黄色，子叶黄色，脐褐色，平均百粒重 19.2 克。籽粒蛋白质含量 40.01%，脂肪含量 21.85%。落叶性好，抗倒伏，不裂荚。

在山东省大豆区域试验中，平均亩产 200.4 千克，比对照鲁豆 11 号增产 6.8%。在 2002 年生产试验中，平均亩产 202.7 千克，比对照鲁豆 11 号增产 12.8%。可在山东全省作为夏大豆中晚熟品种种植。播种前施足底肥，6 月上中旬播种，亩留苗 1.4 万 ~1.6 万株，花期保证肥水供应。

5. 晋大 70　晋大 70 由山西农业大学育成。2003 年通过国家农作物品种审定委员会审定。有限结荚习性，株型收敛。平均株高 74.3 厘米，单株平均有效荚数 44.5 个。花白色，茸毛棕色，叶片椭圆形。籽粒椭圆形，种皮黄色，脐淡黄色，百粒重 16.6 克。籽粒蛋白质含量 41.2%，脂肪含量 22.1%。生育期 106.4 天。

在国家黄淮海（中片）夏大豆区域试验中，平均亩产 179.2 千克，比对照鲁豆 11 号增产 8.5%。适宜在山东、河北南部、河南中北部、山西南部、陕西中部等地种植。春播亩留苗 1 万株，夏播亩留苗 1.2 万株。

四、毛豆品种

毛豆，也称菜用大豆或青毛豆，通常是荚鼓粒饱满，荚色呈翠绿时食用的大豆的总称。据测定，一般青毛豆的营养品质为：糖 3.34%，蛋白质 13.7%，脂肪 6.3%，淀粉 3.4%，灰分 1.5%，纤维 1.5%，无氮浸出物 10.17%。毛豆品种鲜豆粒的干物质平均为 35.9%，粗蛋白占干物质总重的

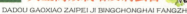

毛豆

39.9%，淀粉为 13.3%。每 100 克鲜籽粒中维生素 C 的含量为 27.6 毫克。

毛豆品种一般要求豆粒饱满鲜嫩，单荚粒数 2 个以上，豆荚长度 5 厘米左右，荚宽 1.2 厘米左右，无斑点、无虫蛀、无机械损伤，百粒重 29.7~34.6 克，百粒鲜重 60.8~70.6 克，百荚鲜重 257.5~302.8 克。

1. 齐毛豆 1 号 该品种为有限结荚习性，株高 45 厘米左右。主茎 11 节，分枝 1~2 个。叶片中小，叶圆，花白色，茸毛灰色。节间短，结荚密。籽粒圆形，种皮黄色有光泽，种脐黄色，无病斑粒，百粒重 30 克左右。半春播单株平均荚数 32.6 个，荚粒数 2.2 个，株粒数 65.8 个，鲜荚长 4.8 厘米左右，鲜荚宽 1.3 厘米，鲜荚厚 0.8 厘米，百荚鲜重 226.1 克。夏播单株平均荚数 37.7 个，单株平均粒数 64.3 个，荚粒数 2.1 个，鲜荚长 4.1 厘米，鲜荚宽 0.9 厘米，鲜荚厚 0.7 厘米。鲜豆粒蛋白质含量 13.5%，脂肪含量 6.2%，维生素 A 含量每克 0.20 国际单位，维生素 C 含量每 100 克

32.9 毫克。半春播采荚生育期 80 天左右；夏播成熟生育期 80 天左右，采荚生育期 60 天左右。属极早熟品种。喜肥水，抗倒伏。

拱棚半春播，亩鲜荚产量 800~1000 千克，较一般毛豆品种增产 6.7%~26.7%。夏播亩产籽粒 155.6 千克左右。

同一块地可一年两作，也可根据市场需求和生产条件错期播种，一年多作。亩施复合肥 25 千克，夏季条播亩播种量 6 千克，亩留苗 2 万株左右。分枝期、结荚期各每亩追施尿素 5 千克。分枝、开花、结荚、鼓粒期遇旱及时浇水，避免干旱。注意结荚期治虫。保护地种植，注意防热和受冻害，注意通风和保温。

该品种鲜食大豆籽粒饱满，荚色和籽粒均呈翠绿色，口味鲜美，营养丰富，是城乡居民喜爱的优质蔬菜。

2. 齐毛豆 4 号　有限结荚习性，株高 45 厘米，底荚高 16.7 厘米，主茎节数 11 节，平均有效分枝 1.9 个。多二三粒荚，单株平均有效荚数 32.6 个，单株粒数 58.3 个，单株粒重 11.1。百荚鲜重 216 克，百粒鲜重 52 克，单株荚鲜重 88.4 克。叶片卵圆形、中等大小。花紫色，茸毛灰色。籽粒圆形，种皮黄色微有光泽，种脐黄色，百粒重 25.9 克。夏播生育期 90 天左右，采荚生育期 75 天左右。

齐毛豆 4 号亩产干籽粒 150 千克左右，鲜荚亩产可达 1000 千克。适合在山东省中部、北部、胶东及中南部地区种植。适合密植，亩留苗不少于 2.0 万株。注意开花、结荚、鼓粒期浇水和防治病虫害。

3. 台 292　有限结荚习性，植株较紧凑，株高 45 厘米左右，底荚高 14.7 厘米。主茎 11 节，平均有效分枝 2.3 个。多二三粒荚，单株平均有效荚数 30 个，单株平均粒数 66.8 个，单株粒重 13.4 克。百荚鲜重 215 克，百粒鲜重 64 克，单株荚鲜重 92.8 克。叶片卵圆形、中等大小，花紫色，茸毛灰色。圆形籽粒，种皮黄色微有光泽，种脐淡黄色，百粒重 24.8 克。夏播生育期 90 天左右，采荚生育期 80 天左右。

台 292 亩产干籽粒 150 千克左右，鲜荚亩产量可达 1000 千克。适合春夏两季栽培。根据不同设施条件及上市要求选择适宜的播种期。大棚或拱棚保护地早熟栽培可于 3 月上旬播种；露地栽培，一般在 4 月底分期排开播种。夏季可于 6 月上中旬播种。播种前施足基肥并重施磷、钾肥。足墒播种，确保苗齐苗匀。苗期低温控水，高温补水，缺苗补苗，可施少量氮肥促进分枝。注意中耕除草，封垄前培土。开花初期可施少量氮、磷、钾复合肥。结荚鼓粒期及时浇水，叶面追施氮、磷、钾复合肥，可有效减少落花落荚，提高鼓粒速度，增加单荚重量。全生育期防治病虫害和杂草。适时采收。

五、黑豆品种

黑豆主要是指黑种皮黄子叶或青子叶的大豆。与黄豆相比，黑豆一般具有耐干旱、耐瘠薄、耐寒、抗病、适应性强等特点。在干旱气候条件下，黑豆不仅发芽力强，而且花荚脱落率也较低，即使在盐碱瘠薄的土壤种植，也可获得较好的收成。部分黑豆品种对大豆胞囊线虫病、大豆花叶病毒病等有较强的抗性，甚至免疫。在生产条件较差的地区可种植黑豆。

黑豆的用途十分广泛，它不仅是人类蛋白质和脂肪的重要来源，而且还可用来生产蔬菜、特种食品和药品。

黑豆

1.**鲁黑豆1号** 鲁黑豆1号由临沂市农业科学研究所育成。1991年通过山东省农作物品种审定委员会审定。有限结荚习性，生育期104天，株高80厘米左右，主茎17节。种皮黑色有光泽，籽粒较大，百粒重24克左右。籽粒蛋白质含量42.7%，脂肪含量20.1%。有较强的耐寒性和耐涝性。亩产180.6千克，较对照鲁豆4号增产24.1%。在临沂地区大豆区域试验中，平均亩产164.1千克，较当地黑豆品种增产61.4%。

用鲁黑豆1号作八宝豆豉的原料，无论品质还是加工性状都优于当地黑豆品种。用其加工的八宝豆豉，味道醇厚清香，深受国内外消费者欢迎。

2.**鲁黑豆2号** 鲁黑豆2号由山东省农业科学院作物研究所育成。1993年通过山东省农作物品种审定委员会审定。有限结荚习性，主茎14节，株高70厘米左右。秆硬、抗倒伏，结荚密集。种皮黑色有光泽，籽粒扁椭圆形，百粒重 12~14 克。籽粒蛋白质含量 43.6%，脂肪含量 17.6%。高抗大豆胞囊线虫 1、2 号生理小种。亩产量一般 150~200 千克，在山东省大豆品种区域试验和生产试验中，比鲁豆 4 号分别增产 11.5% 和 17.1%。

鲁黑豆 2 号可用于生产豆芽、饮料、饲料等，也可用作医药原料。

第二章　大豆高产高效栽培技术

一、高产大豆栽培

1.选用适宜品种　根据生育期、用途和当地的主要病虫害选用适宜品种，是取得大豆高产、稳产的关键。大豆品种的地域性很强，适应范围较窄，各地应根据播种季节和播种时间早晚，选用适当生育期的品种。如春季播种必须选用适合春播的品种。同是夏播品种，生育期也不尽相同，选择生育期长的品种早播或生育期短的品种晚播，才能保证增产稳产。

大豆的病虫害较多，不同地区的优势病虫害不同。山东以大豆花叶病毒病和大豆胞囊线虫病最为严重，首先应选用抗这两种病害的品种，才能实现稳产，不至于造成大的经济损失。

大豆的用途很广，可用于生产油脂、蛋白质、蔬菜或调味品。根据生产用途分别选用高脂肪或高蛋白质小粒的品种，才可有的放矢，取得较好的经济效益。

2.轮作

（1）轮作的意义　轮作是在同一块地上，每年或几年内接茬轮番种植两种以上作物的栽培制度。它具有合理利用土地、提高土壤养分利用率、改善土壤理化性质、防止病虫害和消灭杂草等作用。不同作物从土壤中吸收养分的种类和数量是不同的。禾谷类作物从土壤中吸收的氮、

油菜

磷和钾较多；油料作物吸收的磷较多；薯类作物吸收的钾较多；而大豆吸收大量的氮、钙和较多的磷，同时大豆本身又能通过根瘤菌固定空气中的氮。一般认为豆科作物吸收氮素的 40%~60% 是由根瘤菌固定的。另外，豆科作物和十字花科作物又能靠根的分泌物溶解土壤中的磷化合物，使土壤有效磷增加。不同作物根系的分布层次也不一样，吸收养分的土层范围各异，对深层土壤养分的吸收能力也不同，所以不同作物进行合理轮作，就能最大限度地发挥全耕作层土壤养分的作用。

（2）重茬或迎茬的危害　重茬是指在同一地块上连续种植同一作物，重茬好几年就形成连作。大豆不宜连作或重茬种植。重茬会使促进大豆生长的内源激素含量降低，使抑制其生长的内源激素含量显著增加。重茬还使大豆功能叶片的叶绿素含量降低，类胡萝卜素的含量减少。类胡萝卜素是叶绿体膜的保护剂，可使叶绿体免遭光氧化。大豆重茬发生胞囊线虫、食心虫、菟丝子的危害也明显增加。

迎茬是指在同一地块上，大豆收获后种植一季小麦或其他夏收作物，然后接茬种植大豆。长期迎茬种植大豆，一般病虫害发生较重。据试验，迎茬种植的大豆，芽枯病发病率高达 5.3%，新茬地未发现芽枯病。连续迎茬种植大豆，胞囊线虫病会严重发生。迎茬直接影响大豆的生长发育，减产十分明显。与迎茬大豆相比，生茬大豆株高增加 20.3 厘米，分枝增加 1.1 个，百粒重平均提高 1.2 克，产量提高 27.5%。但是，大豆与其他禾谷类作物或薯类作物等很少有相同的病害，通过轮作，可有效地减少病害的影响。

（3）轮作的方式　大豆的生态类型和栽培条件存在明显的差异，所以轮作方式也有所不同。当前，大豆与其他作物轮作的方式主要有以下几种：

冬小麦—夏大豆—冬小麦—夏玉米；

冬小麦—夏大豆—冬小麦—夏甘薯；

冬小麦—夏大豆—冬菠菜—春马铃薯—夏玉米；

冬小麦—夏大豆—春棉花。

（4）大豆轮作中应注意的问题　由于大豆的轮作方式较多，在配置轮作方式时应注意：第一，尽量避免与其他豆科作物（如花生、绿豆、红小豆、豌豆等）搭配在同一轮作周期内，否则影响轮作的效果；第二，注意因地制宜，兼顾各个方面，做到既能满足对商品粮和其他经济作物的需求，又能满足对大豆的需求，既能考虑到前作与后作的关系，又能考虑到水分、养分、土壤结构、杂草与病虫害的影响，解决用地与养地的矛盾；第三，注意是否适合规模种植和集约化经营。

3. 播种期　大豆按播种期可分为春大豆和夏大豆。晚春播种的大豆为春大豆，小麦收获后播种的大豆为夏大豆。播种期对大豆产量和品质影响很大。适期播种，保苗率高，幼苗整齐健壮，生育良好，茎秆粗壮，花多荚多，适时成熟，产量高，品质好。大豆的适宜播期受多种因素影响，主要应根据当地的耕作栽培制度、自然条件和品种特性来决定。

春大豆播种时间主要由气温和地温决定。一般认为，当土壤5~10厘米土层日平均地温达到8℃~10℃时，春大豆播种较适宜。晚霜和倒春寒常常影响春大豆的生长发育。播种过早，由于土壤温度低，大豆发芽迟缓，易受病菌感染，出现烂种现象，造成缺苗，幼苗生长发育迟缓，产量降低。

夏大豆播种则越早越好。试验和统计分析证明，山东夏大豆每早播种1天，亩产量平均增加1.4~5.2千克，6月22日以前为夏大豆适宜播期。播种过晚，出苗虽快，但苗不健壮，营养生长期缩短，不能充分利用当地的温度、光照和水分，同化效率低，干物质积累少，秕荚秕粒增多，粒数减少，百粒重降低，品质下降。

4. 播种

（1）足墒播种　大豆是大籽粒双子叶作物，幼苗出土比较困难，对土壤条件要求较高。大豆籽粒蛋白质含量高，发芽需水较多。创造较好的土壤条件，足墒播种，确保苗全、苗匀、苗壮，是大豆丰产丰收的重要条件。

（2）播种深度　大豆出苗时子叶破土露出地面，因子叶较大，出苗比较困难。所以，大豆播种时覆土的深浅对保苗和整齐出苗影响很大。覆土的深浅又与土壤质地、土壤水分、天气情况和种子大小有密切关系。土质疏松、墒情差、天气炎热、种子小的情况下，播种可深些；反之，土壤黏重、墒情好、阴雨天气、种子较大要浅播。一般大豆的播种深度以 3~5 厘米为宜。

播种

5. **间苗、定苗**　间苗是指齐苗后拔去多余幼苗、剔除弱苗和病苗的作业。定苗是指按预定行株距和留苗数最后一次间苗。一般间苗 2~3 次，先稀苗后定苗。应早间苗，留匀苗，留齐苗，剔除小苗、弱苗和病苗，适时定苗。据试验，大豆间苗比不间苗一般可增产 15%~20%，特别是在播种量大、土地肥沃、雨水较多的地区或年份，增产幅度更大。

大豆间苗宜早不宜迟，一般在大豆齐苗后结合查苗补种进行。大豆子叶露出地面后，子叶张开就可间苗。间苗过晚，幼苗生长瘦弱，容易形成"高脚苗"，降低了间苗的增产效果。

6. **中耕、培土**　在大豆生长发育期间，需要因地制宜地进行多次中耕。中耕不仅可以消灭田间杂草，更重要的是能够疏松土壤、防旱、保墒、提高地温、壮苗、助长，协调土壤中水、肥、气、热的关系，加速有机质的分解。中耕还有益于大豆根瘤的形成和发育，提高大豆的固氮能力。深中耕能打破犁底层，有蓄水防旱、促进根系发育和抑制徒长的作用。

中耕

一般在大豆齐苗期、定苗后和封垄前各中耕 1 次。幼苗刚出土时就可进行第 1 次中耕。这时大豆苗小，根系不发达，对不良环境的抵御能力差，容易出现草欺苗，尤其是夏大豆苗期高温、多雨，草苗齐长，容易发生草荒。第 2 次中耕在苗高 10~12 厘米时进行。以后每隔 10~15 天进行一次，在封垄前结束。中耕深度应遵循先浅、中深、后浅的原则。若苗小、土壤水分过多，为防止芽涝，促进根系下扎，可在距幼苗较远的行间深中耕散水；若苗小、土壤水分不足，可浅中耕保水；若植株生长过旺，群体过大，可适度深中耕伤根，以控制植株生长。

在平播大豆区，第 3 次中耕可结合培土进行。培土有利于旱天灌溉，涝天排水，后期防止倒伏，是大豆增产的有效措施之一。培土一般在大豆分枝后期进行，可用三齿耘锄在中齿安装培土板，或用培土犁进行。

7. 杂草防除 我国豆田杂草种类繁多，常发生且影响产量的有 20 多种。其中一年生禾本科杂草有野稗、狗尾草、马唐、野燕麦、牛筋草等；一年生阔叶杂草有苍耳、苋、铁苋菜、马齿苋等；多年生杂草有问荆、大蓟、刺儿菜等。春大豆田杂草发生的情况表现为前期以一年生早春杂草占优势，可播前除草或用机耙灭草；6 月上旬前，则以一年生晚春杂草为优势种；大豆封垄后，则以稗草、苍耳、藜、龙葵为优势种。黄淮海流域夏大豆田杂草发生的特点为：集中型杂草出土早，在播种后 5 天出现萌发高峰，25 天杂草出苗占总数的 90% 以上，持续时间达 40 天左右，密度小，为害轻；分散型杂草分散出土，播种后 10 天左右出现萌发高峰，40 天左右杂草出苗占总数的 90% 以上，持续时间达 70 天左右，密度大，为害重。

杂草

豆田除草可结合采用手工除草、中耕除草和化学除草等方式。手工除草适合在苗期与间苗定苗同时进行或生育中后期草量较少时采用。中耕除草和培土除草应在齐苗后和封垄前进行，可采用人工中耕或机械中耕。化学除草剂除草效率高，播种前、播种后和生育期间均可进行。但应特别注意除草剂的种类和用量是否适合大豆，因大豆对除草剂十分敏感，施用不当易受药害，造成较大损失。

二、毛豆栽培

种植毛豆主要有保护地栽培、露地纯作和间作 3 种栽培方式。

1. 保护地栽培 保护地栽培毛豆，因上市早、经济效益好，发展十分迅速。因研究滞后，在保护地毛豆生产中常出现一些技术问题。保护地栽培毛豆应特别注意以下几个技术环节。

（1）选用适宜品种 熟期适宜、荚大、粒大、荚色粒色翠绿、口感好、外观品质优是毛豆品种必须具备的条件。由于我国毛豆育种研究起步很晚，毛豆专用品种十分缺乏。目前生产中应用的毛豆品种多为国外毛豆品种和大田生产用大豆品种。毛豆品种的地域性很强，对光、热等自然条件要求比较严格。农民常因选用品种不当，造成收获期延迟、产量低、商品性差、经济效益低，甚至无经济收益。目前种植较多的毛豆品种主要有齐毛豆 1 号、齐毛豆 4 号、台 75、台 292、极早生枝豆、早生枝豆等。这些品种生育期有长有短，长的达 100 天以上，短的仅有 50~60 天；荚、粒有大有小，大的百粒重 30~40 克，小的不足 20 克。引种台 75 时应特别注意预防大豆花叶病毒病，因该品种不

摘毛豆

抗病毒病。加工用毛豆应选产量高、荚大、粒大、籽粒饱满、荚皮翠绿的品种。农民分散种植、分散上市应选生育期短、荚大、翠绿的品种，以便及早上市。

（2）适时播种　毛豆是季节性很强的商品。冬季、早春、初夏等淡季上市，价格往往是旺季的几倍乃至十倍以上。根据前茬和不同品种的生育期，适时播种，使新鲜毛豆适时上市，可获得较好的经济效益。比如，冬季种毛豆，可在10月底选90天收获鲜荚的品种播种，11月上中旬则选80天收获鲜荚的品种播种，以便赶在春节前后上市。早春保护地种植毛豆则越早越好。应注意的是，由于温度和光照的原因，同一品种冬季或早春种植采收鲜荚的时间比夏季种植长10~30天或更长。

毛豆的发芽始温为10℃~11℃，适温为20℃~22℃。播种还应根据不同设施条件选择合适的品种适期播种。大棚早熟栽培，可于3月上旬播种；小拱棚保温条件较差，可适当晚播。

（3）足墒播种保全苗　毛豆保护地栽培需要较好的土壤墒情。因保护地内小环境温度较高，失水较快，容易落干，足墒播种更重要。

（4）水肥管理　大豆是需水较多的作物，保护地毛豆更应加强水肥管理。毛豆幼苗期比较耐旱，此时土壤水分略少可促进根系生长。因早春气温较低，幼苗较弱，若土壤水分过多，地温下降，不利于幼苗生长，易引发病害。始花至盛花期，气温逐渐升高，毛豆的需水量逐渐增大，此时要求土壤相对湿润，水分又不要过多。结荚开始到鼓粒期间，要求土壤水分充足，以保证籽粒发育，如果墒情不好，会造成幼荚脱落或秕荚秕粒，影响产量，荚的商品性也较差。

毛豆施肥应以基肥为主，苗期或开花结荚期可适量追施吸收、转化较快的速效氮、磷、钾复合肥。

（5）温光调控　大豆对温度比较敏感，生长发育的最适温度为19℃~25℃，低于14℃生长停止，低于0℃便会造成冻害。大豆也不耐高温，温度超过40℃，结荚率降低57%~71%，植株生长异常。因此，保护地栽培毛豆在注意保温的同时，应适时通风降温，以免温度过高。

大豆是短日照作物，在9~18小时的日照范围内，日照越短越促进生殖器官的发育，抑制营养体的生长；当日照短于6小时时，营养生长和生殖生长均受抑制。另外，大豆是喜光作物，光照过弱会导致生长异常，倒伏，爬蔓，甚至植株死亡。北方地区冬季和早春日照时数较短（一般8小时左右），在能够保持温度的前提下，应适当延长日照，以实现毛豆营养生长和生殖生长的协调。因此，在雨雪天气多、十分寒冷的冬季种植毛豆有一定风险。

（6）防治病虫害　病虫害是影响毛豆产量和品质的重要因素之一，特别是一些直接为害荚和籽粒的病虫，如紫斑病、灰斑病、褐斑病、黑斑病、轮纹病、赤霉病、荚枯病和豆荚螟、蝽象等，除影响产量外，还大大降低产品的质量。防治这些病害的有效措施就是选用抗病的品种。对豆荚螟等害虫可用高效低毒、低残留的化学农药如敌杀死等喷杀初孵幼虫防治。

（7）适时采收　毛豆的适期采收直接影响生产者的经济效益。毛豆是鲜食食品，观感和口感都十分重要。观感和口感的优劣除与品种有关外，收获时期是否适当也十分关键。采收过早，粒小而扁，影响产量；采收过晚，籽粒转色，粒黄荚黄，商品性差。一般应掌握在荚接近完全鼓起，荚壳由绿转白，籽粒饱满，周边种衣完整时采收毛豆。

2.露地栽培　毛豆露地栽培除应注意保护地栽培中的选用适宜品种、足墒播种、合理密植、加强水肥管理、及时防治病虫害和适时采收等技术环节之外，应特别注意适期早播。只有适期早播才能在保证安全的情况下，获得较好的经济效益。毛豆露地早春栽培，一般应在当地无霜期后播种，这样才不会因晚雪、晚霜和倒春寒等造成毛豆受害或冻死。山东中部地区一般4月20日以后为无霜期。露地栽培因一般面积较大还应错期播种，分期上市。

夏直播种植毛豆，收获上市早晚已不是关键因素，高产应作为主要目标，所以夏播毛豆应选高产的毛豆品种。夏直播毛豆还可采用与棉花、果树间作套种的方式种植。

第三章　大豆田间管理及杂草防除

　　杂草是农业生产的大敌。它是在长期适应当地的作物、栽培、耕作、气候、土壤等生态环境及社会条件下生存下来的，从不同的方面侵害作物。其与农作物争水、肥、光能，侵占地上和地下空间，影响作物光合作用，干扰作物生长。杂草还是作物病害、虫害的中间寄主。杂草会降低作物的产量和质量，影响人、畜健康和水利设施等。因此，应全面衡量当地的杂草状况，掌握其利弊，因地制宜地将杂草危害控制在最小的程度。

一、大豆田杂草发生概况

　　大豆在我国有数千年的栽培历史，是主要油料作物，又是重要的副食品原料，在全国各地均有种植。由于种植地域跨度很大，自然条件复杂和各地耕作制度以及品种的不同，在大豆田中形成了适应各种环境的种类繁多的杂草。我国的大豆田杂草为害可分为四个区：东北春作区（黑龙江、吉林、辽宁、内蒙古部分地区），黄淮海夏作区（河南、山东、河北、安徽），长江流域双作区（四川、湖北、湖南、江西、安徽、江苏、上海），华南多作区（广东、广西）。我国大豆田中杂草种类众多，但常造成减产的仅20多种，如1年生禾本科杂草有稗草、狗尾草、金狗尾草、马唐、千金子、画眉草、牛筋草、野燕麦等，1年生阔叶杂草有苍耳、苋（反枝苋、刺苋、凹头苋）、铁苋菜、龙葵、青葙、风花菜、牵牛花、香薷、葎草、水棘针、狼把草、鳢肠、柳叶刺蓼、田旋花、酸模叶蓼、菟丝子、地锦、野西瓜、马兜铃、猪毛菜、猪殃殃、藜、鸭跖草、马齿苋、繁缕、罗布麻、苘麻等，多年生杂草有问荆、大蓟、刺儿菜、芦苇等。

大豆田间管理

二、大豆田杂草为害特点

杂草为害是大豆减产的重要原因。大豆是中耕作物，行距较宽，从苗期到封垄之前对地面覆盖率很小，因此在东北春作大豆区自播种开始直到8月末杂草不断发生。在这些地方1年生早春杂草、晚生杂草和多年生杂草混生，给防除工作造成一定困难。另外，杂草和大豆同时生长，彼此对水分、养分、光照等的竞争形势逐渐形成，特别是播种后最初 5 周或出苗 4 周内，发生的杂草占全年杂草发生总量的50%，此类杂草通过中耕管理可以防除。但大豆苗间杂草直到封垄后仍在大豆田中为害，特别是稗草、苍耳、苘麻、藜、鸭跖草、狼把草、龙葵、蓼、苋、刺儿菜、大蓟、芦苇等生长旺盛，株高超过大豆，为害更严重。

总之，大豆田除草一定要抓住杂草防除的关键时期。无论采用化学除草、机械除草还是人工除草措施，都要争取在大豆 3~4 片复叶展开前将已经出苗的杂草铲除干净。采用化学除草，一定要避免使用单一种类的除草剂，使某些次要杂草上升为主要杂草；施用土壤处理剂，药效持续应在 5~6 周以上；施用茎叶处理剂，应尽可能选择在杂草基本出齐后施药。

三、大豆田主要杂草种类

（一）稗

【别名】稗草、稗子、野稗

【形态特征】1 年生草本。高 40~130 厘米。直立或基部膝曲。叶鞘光滑。圆锥形总状花序，较开展，直立或微弯，常具斜上或贴生分枝；小穗含 2 花，密集于穗轴的一侧，卵圆形；第一外稃具 5~7 脉，第二外稃先端有尖头，粗糙，边缘卷抱内稃。颖果卵形，米黄色。第一叶条形，长 1~2 厘米，自第二叶开始渐长，全体光滑无毛。

【生物学特性】种子繁殖。种子萌芽从 10℃开始，最适温度为 20℃~

稗

30℃；适宜的土层深度为 1~5 厘米，尤以 1~2 厘米出苗率最高。埋入土壤深层未发芽的种子可存活 10 年以上；对土壤含水量要求不严，特别能耐高湿。发生期早晚不一，但基本为晚春型出苗的杂草。正常出苗的植株大致 7 月上旬前后抽穗、开花，8 月初果实即渐次成熟。

【分布与为害】稗草是世界性杂草。在我国各地均有分布，尤其北方发生密度大，是大豆田发生最普遍、为害最重的杂草之一。该草不仅为害大豆，也为害几乎所有的旱田作物。由于每年都有种子落地，在耕层土壤中形成一个巨大的种子库，连年防除，连年为害，是大豆田难防杂草之一。

（二）狗尾草

【别名】绿狗尾草、莠

【形态特征】1 年生草本。成株高 20~100 厘米。秆疏丛生，直立或基部膝曲上升。叶鞘较松弛、光滑，叶舌退化成一圈 1~2 毫米长的柔毛，叶片条状披针形。花序圆锥状，紧密，呈圆锥形，直立或弯曲，刚毛绿色或变紫色，小穗椭圆形，长 2~2.5 毫米，2 至数枚簇生，成熟后刚毛分离而脱落。第一颖卵形，约为小穗的 1/3 长；第二颖与小穗近等长。第一外稃与小穗等长，具 5~7 脉。幼苗鲜绿色，基部紫红色，除叶鞘边缘具长柔毛外，其他部位无毛。第一叶长 8~10 毫米，自第二叶开始渐长。

狗尾草

【生物学特性】种子繁殖。种子发芽适宜温度为 15℃ ~30℃，在 10℃ 时也能发芽，但出苗率低且出苗缓慢。适宜土壤深度为 2~5 厘米，埋在深层未发芽的种子可存活 10~15 年。在我国中北部，4~5 月初出苗，5 月中下旬形成生长高峰，以后随降雨和灌水还会出现 1~2 个小高峰；早苗 6 月初抽穗开花，7~9 月颖果陆续成熟，并脱离刚毛落地或混杂于收获物中。

【分布与为害】广泛分布于全国各地。不仅为害大豆，对玉米、谷子、高粱、花生、薯类等均为害。因其幼苗形态与谷子极相似，很难辨认，人工除草非常困难，因此对谷子为害更大。

（三）金狗尾草

【别名】金色狗尾草

【形态特征】1年生草本。成株高 20~90 厘米，茎秆直立或基部倾斜。叶鞘光滑无毛。叶片两面光滑，基部疏生白色长毛。圆锥花，紧密，通常直立，刚毛金黄色或稍带褐色。每小穗有 1 枚颖果，外颖长约为小穗的 1/3~1/2，内颖长约为小穗的 2/3。颖果椭圆形，背部隆起，黄绿色至黑褐色，有明显的横纹。

金狗尾草

【生物学特性】种子繁殖。在东北生长期为 5~9 月，在南方多发生于秋季旱作地，并于 6~9 月开花结实。

【分布与为害】在我国南北各省都有分布，常与绿狗尾草混合为害。

（四）马唐

【别名】抓地草、须草

【形态特征】1年生草本。成株高 40~100 厘米。茎秆基部展开或倾斜丛生，着地后节部易生根，或具分枝，光滑无毛。叶鞘松弛包茎，大

马唐

都短于节间，疏生疣基软毛。叶舌膜质，先端钝圆，叶片条状披针形，两面疏生软毛或无毛。

【生物学特性】种子繁殖。种子发芽适宜温度25℃~35℃，因此多在初夏发生。适宜出苗土壤深度为1~6厘米，以1~3厘米发芽率最高。

【分布与为害】在全国各地均有分布，主要为害豆类，也可为害棉花、花生、瓜类、薯类等旱作物，是南方各地秋熟旱作物田的恶性杂草之一。马唐也是棉花夜蛾、稻飞虱的寄生植物，并能感染粟瘟病、麦雪病和菌核病，成为病原菌的中间寄主。

（五）野燕麦

【别名】燕麦草、铃铛麦、香麦、马麦

【形态特征】1年生或越年生草本。成株高30~150厘米。茎直立、光滑，具2~4节。叶鞘松弛，光滑或基部被柔毛。叶舌透明膜质，叶片宽条形。花序圆锥状，开展呈塔形，分枝轮生，小穗含 2~3 花，疏生。柄细长而弯曲下垂，两颖近等长。颖果长圆形，被淡棕色柔毛，腹面具纵沟。幼苗叶片初生时卷成筒状，展开后为宽条形，稍向后扭曲，叶片两面疏生柔毛，叶缘有倒生短毛。

野燕麦

【生物学特性】种子繁殖。种子发芽与本身的休眠特性、外界温度、土壤湿度及在土壤中位置的深浅有关。由于种子具有再休眠特性，故第一年在田间的发芽率一般不超过 50%，其余在以后的 3~4 年中陆续出土。

【分布与为害】在我国广泛分布于东北、华北、西北及河南、安徽、江苏、湖北、福建、西藏等地。主要为害作物除大豆外，还有小麦、甜菜、亚麻、马铃薯、豌豆、蚕豆和油菜等。

（六）牛筋草

【别名】蟋蟀草

【形态特征】1 年生草本。成株高 15~90 厘米。植株丛生，基部倾斜向四周开展。须根较细而稠密，为深根，不易整株拔起。叶鞘压扁而具脊，鞘口具柔毛。叶舌短，叶片条形。穗状花序，小穗含 3~5 花，成双行密集于穗轴的一侧，颖和稃均无芒，第一颖短于第二颖，第一稃具 3 脉，有脊，脊上具狭翅，内稃短于外稃，脊上具小纤毛。颖果长卵形。幼苗淡绿色，第一叶短而略宽，长 7~8 毫米，自第二叶渐长，中脉明显。

【生物学特性】种子繁殖。种子发芽适宜温度为 20℃ ~40℃，土壤

牛筋草

适宜含水量为 10%~40%，出苗适宜土壤深度为 0~1 厘米，埋深 3 厘米以上则不发芽，同时要求有光照条件。颖果于 7~10 月陆续成熟，边成熟边脱落，并随水流、风力和动物传播。种子经冬季休眠后萌发。

【分布与为害】广泛分布于全国各地。喜生于较湿润的农田中，因此在黄河和长江流域及以南地区发生多，是秋熟旱作物田为害较重的恶性杂草。

（七）鸭跖草

【别名】蓝花菜、竹叶草

【形态特征】1年生草本。成株高 30~50 厘米。茎披散，多分枝，基部枝匍匐，节上生根，上部枝直立或斜生。叶互生，披针形或卵状披针形。总苞片佛焰苞状，有长柄，稍弯曲。叶对生，卵状心形，顶端急尖，边缘常有硬毛，边缘对合折叠，基部不相连。聚伞形花序，花瓣 3 枚，其中 2 枚较大，深蓝色，1 枚较小，浅蓝色，有长爪。蒴果椭圆形，2 室，有种子 4 粒。幼苗有子叶 1 片。子叶鞘与种子之间有一条白色子叶连结。

【生物学特性】种子繁殖。为晚春性杂草，雨季蔓延迅速。生育期 60~80 天。在华北地区 4~5 月出苗，花果期为 6~10 月。鸭跖草种子的适宜发芽温度为 15℃~20℃，适宜出苗土壤深度为 2~6 厘米，种子在土壤

鸭跖草

中可以存活 5 年以上。

【分布与为害】在全国各地均有分布，以东北和华北地区发生普遍，为害严重。喜生于湿润土壤。在旱作物田、果园及苗圃中常见，不仅为害大豆，也为害玉米、小麦等各种旱作物及果树、苗木地等，往往形成单一群落或散生。

（八）香薷

【别名】野苏子、臭荆芥、野苏麻、水荆芥

【形态特征】1 年生草本。成株高 30~50 厘米，具有特殊香味。茎四棱形直立，上部分枝，有倒向疏柔毛。叶具柄，对生，叶片椭圆形，边缘具钝齿。轮伞形花序，苞片宽卵圆形，先端针芒状，具睫毛；花萼钟状，具 5 齿；花冠淡紫色，略呈唇形。小坚果长圆形或倒卵形，黄褐色，光滑，

香薷

长约 1 毫米。

【生物学特性】种子繁殖。在北方 5~6 月出苗，7~8 月开花，8~9 月果实成熟。在南方地区，花期为 7~9 月，10 月果实成熟。

【分布与为害】几乎在全国各地均有分布。在东北及华北部分地区，对旱地农田为害较重。喜生于较湿润的农田中。为害作物除大豆外，还有禾谷类、其他豆类、薯类、甜菜、蔬菜等作物。

（九）水棘针

【别名】土荆芥、蓝萼草、细叶山紫苏

【形态特征】1 年生草本。成株高 30~100 厘米。茎基部有时木质化，茎直立，四棱形，分枝呈圆锥形，被疏微柔毛。叶对生，叶片 3 深裂，稀 5 裂或不裂，裂片披针形，边缘有齿，两面无毛。小聚伞形花序，排列成疏松的圆锥形；花萼钟状，具 5 齿；花冠淡蓝色或淡紫色，唇形。小坚果倒卵状三棱形，具网纹，果脐大。

【生物学特性】种子繁殖。在我国北方，5~6 月出苗，7~8 月果实成熟。在南方，花期为 8~9 月，果期为 9~10 月。种子边成熟边脱落，须经休眠后才能萌发。

【分布与为害】分布于我国

水棘针

东北、华北、西北及安徽、湖北等地，尤其在黑龙江发生严重。喜生于湿润农田。为害豆类及薯类、瓜类等作物，为南方秋作物田常见杂草。

（十）鼬瓣花

【别名】二裂鼬瓣花、裂边鼬瓣花、野芝麻、野苏子

【形态特征】1年生草本。成株高20~60厘米，个别的可高达100厘米。茎直立粗壮，钝四棱形，被倒生刚毛。叶片卵圆形至卵状披针形，边缘有粗钝锯齿。轮伞花序，腋生，紧密排列于茎顶及分枝顶端，小苞片条形或披针形，被长睫毛；花萼管状钟形，具5齿；花冠粉红色或淡紫红色，唇形，上唇先端具不等长数齿，下唇3裂，在两侧裂片与中裂片相交处有齿状突起。小坚果倒卵状三棱形，褐色，有秕鳞。

【生物学特性】种子繁殖。在北方，4~6月出苗，7~8月现蕾开花，8月果实渐次成熟落地，经越冬休眠后萌发。土壤深层未发芽的种子可存

鼬瓣花

活 1~2 年。在南方，花期为 7~9 月，果期为 9~10 月。

【分布与为害】分布在吉林、黑龙江、内蒙古、青海、湖北和西南地区。为东北及华北北部地区农田的主要杂草之一，对多种夏收作物及秋收作物均为害较重，是农田中较难防治的杂草之一。

（十一）反枝苋

【别名】野苋菜、苋菜、西风谷、人苋菜、苋

【形态特征】1 年生草本。成株高 20~120 厘米。茎直立，粗壮，上部分枝，绿色。叶具长柄，互生，叶片菱状卵形，叶脉突出，两面和边缘具有柔毛，叶片灰绿色。圆锥状花序，顶生或腋生，花簇多刺毛；苞叶和小苞叶干膜质；花被白色，被片 5 枚，各有 1 条淡绿色中脉。

【生物学特性】种子繁殖。种子发芽适宜温度为 15℃ ~30℃，适宜出苗土壤深度 5 厘米之内。在我国中北部地区，4~5 月出苗，7~9 月开花

反枝苋

结果，7月以后种子渐次成熟落地或借助外力传播扩散。

【分布与为害】分布于东北、华北、西北、华东、华中及贵州、云南等地。喜生于湿润农田中，亦耐干旱，适应性强。主要为害作物除豆类外，还有棉花、花生、玉米、瓜类、薯类、蔬菜、果树等。

（十二）马齿苋

【别名】马齿菜、马蛇子菜、马菜

【形态特征】1年生肉质草本。全体光滑无毛。茎自基部分枝，平卧或先端斜生。叶互生或假对生，柄极短或近无柄。叶片倒卵形或楔状长圆形，全缘。花3~5朵簇生枝顶，无梗；苞片4~5枚，膜质；萼片2枚；花瓣黄色，6枚。蒴果圆锥形，盖裂；种子肾状扁卵形，黑褐色，有小疣状突起。幼苗紫红色，下胚轴较发达，子叶长圆形；初生叶2片，倒卵形，全缘。

马齿苋

【生物学特性】种子繁殖。种子发芽的适宜温度为20℃~30℃，属喜温植物。适宜出苗土壤深度在3厘米以内。马齿苋生命力极强，被铲掉的植株暴晒数日不死，植株段体在一定条件下可生根成活。马齿苋发生时期较长，春、夏均有幼苗发生。在我国中北部地区，5月出现第一次出苗高峰，8~9月出现第二次出苗高峰，5~9月陆续开花，6月果实开始渐次成熟散落。平均每株可产种子14400粒以上。

【分布与为害】广泛分布于全国。生于较肥沃湿润的农田、菜园、果园，尤以菜园发生较多。主要为害蔬菜、棉花、豆类、花生、甜菜、果树等。

（十三）藜

【别名】灰菜、落藜

【形态特征】1年生草本。成株高30~120厘米。茎直立粗壮，有棱和纵条纹，多分枝，上升或开展。叶互生，有长柄；基部叶片较大，上部叶片较窄，全缘或有微齿，叶背均有灰绿色粉粒。圆锥状花序，花两性，花被黄绿色或绿色，被片5枚。胞果完全包于被内或顶端稍露；种子双凸镜形，深褐色或黑色，有光泽。

【生物学特性】种子繁殖。种子发芽的最低温度为10℃，最适温度为20℃~30℃，最高温度为40℃。适宜出苗土壤深度在4厘米以内。在华北与东北地区，3~5月出苗，6~10月开花、结果，随后果实渐次成熟，种子落地或借外力传播。

【分布与为害】除西藏外，在全国各地均有分布。主要为害豆类和小麦、棉花、薯类、蔬菜、果树等作物，常形成单一群落，也是棉铃虫和地老虎的寄主。

藜

（十四）卷茎蓼

【别名】荞麦蔓

【形态特征】1年生蔓性草本。成株高1米以上。茎缠绕，细弱，有不明显的条棱，粗糙或疏生柔毛。叶具长柄，互生；叶片卵形，先端渐长，斜截形，先端尖或钝圆。疏散穗状花序；花少数，簇生于叶腋，花梗较短；花被淡绿色，5深裂。瘦果卵形，有3棱，黑褐色。

卷茎蓼

【生物学特性】种子繁殖。种子春季萌发，发芽适宜温度为15℃~20℃。适宜出苗土壤深度在6厘米以内。埋入深土层的未发芽种子可存活5~6年。种子常混于收获物中传播，经越冬休眠后萌发。

【分布与为害】在秦岭、淮河以北地区都有分布，为东北、西北、华北北部地区农田主要杂草之一。为害大豆、麦类、玉米等作物。卷茎蓼为缠绕植物，影响光照，也易使作物倒伏，造成减产。

（十五）本氏蓼

【别名】柳叶刺蓼

【形态特征】1年生草本。成株高30~80厘米。茎直立，多分枝，具倒生刺钩。叶互生，有短柄；叶片披针形或宽披针形，全缘，边缘有缘毛；托叶鞘筒状。由数个花穗组成圆锥状花序，5深裂。瘦果近圆形，侧扁，两面稍突出，黑色。

【生物学特性】种子繁殖。

本氏蓼

种子发芽的适宜温度为15℃~20℃。适宜出苗土壤深度为5厘米以内。在我国北方，4~5月出苗，7~8月开花结果，8月以后果实渐次成熟。种子经越冬休眠后萌发。

【分布与为害】分布于黑龙江、辽宁、河北、山西和内蒙古。多生于较湿润的农田，为害大豆、小麦、马铃薯、甜菜、蔬菜、果树等作物。

（十六）问荆

【别名】节（接）骨草、笔头草、土麻黄、马草、马虎刚

【形态特征】多年生草本。具发达根茎，根茎长而横走，入土深1~2米，并常具小球茎。地上茎直立，软草质，二型；营养茎在孢子茎枯萎后在同一根茎上生出，高15~60厘米，有轮生分枝，单一或再生，具棱脊6~15条，表面粗糙。叶退化成鞘，鞘齿披针形，黑褐色，边缘灰白色，厚革质，不脱落。孢子茎早春萌发，高3~5厘米，肉质粗壮，单一，笔直生长，浅褐色或黄白色，具棕褐色膜质筒状叶鞘。

问荆

【生物学特性】以根茎繁殖为主，孢子也能繁殖。在我国北方，4~5月生出孢子茎，孢子成熟后迅速随风飞散，不久孢子茎枯死，5月中下旬生出营养茎，9月营养茎死亡。

【分布与为害】广泛分布于我国东北、华北、西北、西南及浙江、

山东、江苏、安徽等地。因其根茎甚为发达，蔓延迅速，难以防除。某些地区的大豆、小麦、花生、棉花、玉米、马铃薯、甜菜、亚麻等作物受害较重。

（十七）苘麻

【别名】青麻、白麻

【形态特征】1年生草本。成株高 1~2 米。茎直立，圆柱形。叶互生，具长柄，叶片圆心形，掌状叶脉 3~7 条。花具梗，单生于叶腋，花萼杯状，5 裂，花瓣鲜黄色，5 枚。蒴果半球形，分果瓣 15~20 个，具喙，轮状排列，

苘麻

有粗毛，先端有长芒。种子肾状，有瘤状突起，灰褐色。

【生物学特性】种子繁殖。在我国中北部，4~5 月出苗，6~8 月开花，果期为 8~9 月，晚秋全株死亡。

【分布与为害】广泛分布于全国，为害豆类及棉花、禾谷类、瓜类、

油菜、甜菜、蔬菜等作物。

（十八）铁苋菜

【别名】海蚌含珠

【形态特征】1 年生草本。成株高 30~60 厘米。茎直立，有分枝。单叶互生，具长柄，叶片长卵形或卵状披针形，茎与叶上均被柔毛。穗状花序，腋生，花单性，雌雄同株且同序；雌花位于花序下部，雄花花序较短，位于雌花序上部。蒴果钝三角形，有毛，种子倒卵形，常有白膜质蜡层。

【生物学特性】种子繁殖。喜湿，地温稳定在 10℃ ~16℃时种子萌

铁苋菜

发出土。在我国中北部，4~5 月出苗，6~7 月也常有出苗高峰，7~8 月陆续开花结果，8~9 月果实渐次成熟。种子边熟边落，可借风力、流水向外传播，亦可混杂于收获物中扩散，经冬季休眠后再萌发。

【分布与为害】除新疆外，几乎分布于全国。在大豆及棉花、甘薯、玉米、蔬菜田为害较重，在局部地区为优势种群，是秋熟旱作物田主要杂草。

（十九）田旋花

【别名】中国旋花、箭叶旋花

【形态特征】多年生草本。具直根和根状茎，直根入土较深，达30~100厘米，根状茎横走。茎蔓状，缠绕或匍匐生长。叶互生，有柄。花1~3朵，腋生，花梗细长，苞片2枚，狭小，远离花萼；萼片5枚，倒卵圆形，边缘膜质；花冠粉红色，漏斗状，顶端5浅裂。蒴果球形或圆锥形；种子4枚，三棱状卵圆形，黑褐色，无毛。

【生物学特性】根芽和种子繁殖。秋季近地面处的根茎产生越冬

田旋花

芽，翌年长出新植株，萌生苗与实生苗相似，但比实生苗萌发早，铲断的具节的地下茎亦能发生新株。在我国中北部地区，根芽3~4月出苗，种子4~5月出苗，5~8月陆续现蕾开花，6月以后果实渐次成熟，9~10月地上茎叶枯死。种子多混杂于收获物中传播。

【分布与为害】主要分布在东北、华北、西北及四川、西藏等地，

其他热带和亚热带地区也有分布。为旱作物地常见杂草，常成片生长。主要为害豆类及小麦、棉花、玉米、蔬菜等。近年来华北、西北地区为害较严重，黑龙江省局部地区发生较重，已成为难防除的杂草之一。

（二十）打碗花

【别名】小旋花

【形态特征】多年生草本。具地下横走根状茎。茎蔓状，多自基部分枝，缠绕或平卧，长30~100厘米，有细棱，无毛。叶互生，具长柄；基部叶片长圆状心形，全缘。花单生于叶腋；苞片2枚，宽卵形，包住花萼，宿存；萼片5枚，长圆形；花冠粉红色，漏斗状。蒴果卵圆形；种子倒卵形，黑褐色。实生苗子叶方形，先端微凹，有柄；初生叶1片，宽卵形，有柄。

【生物学特性】根芽和种子繁殖。根状茎多集中于耕作层中。在我

打碗花

国中北部，根芽3月开始出土，春苗和秋苗分别于4~5月和9~10月生长最快，6月开花结实。春苗茎叶炎夏干枯，秋苗茎叶入冬枯死。

【分布与为害】广泛分布于全国各地。喜生于湿润的农田、荒地或路旁。为害大豆和花生，部分禾谷类、薯类、棉花、甜菜、蔬菜等农作物也受其害。

四、农业防除措施

（一）堵截农田杂草的侵染途径

1. 加强植物检疫　防止国内外检疫性杂草传入。对已传入尚未扩大蔓延的杂草应及时采取有效措施加以消灭。

2. 注意农田周围的杂草发生情况　及时清除田间、道路、防护林周

农田杂草清理

围的杂草，保护好田边的植被，农田周围最好种植多年生绿肥或小灌木林，以防杂草滋生。

3.**严格选种** 在播种前应将与大豆种子混在一起的杂草种子进行认真清除。

4.**注意水肥所带来的杂草源** 施有机肥要经过腐熟，严禁生粪下地。田间灌溉渠道水口处应设置草籽收集网。

（二）轮作

合理的轮作可改变农田杂草的生态环境，有利于抑制杂草的为害，避免伴生性杂草发生蔓延；同时又可自然地更换除草剂类型，避免由于在同一田块长期使用同类除草剂，造成降解除草剂的生物增多而使除草剂用量增加，效果降低，也可避免杂草产生抗药性。大豆田宜采用小麦、玉米轮作，前茬小麦便于防治阔叶杂草，在播种小麦前进行深翻，既可

玉米和大豆轮作

将表层1年生杂草种子翻入土壤深层，又能防治田间多年生杂草，而小麦本身对1年生杂草的控制作用较强。由于小麦播种较大豆早，当小麦生长到一定高度时，为害大豆的稗草、马唐、狗尾草、藜等才开始出土，不能为害小麦。当小麦收割时，把这些还没有成熟的杂草收割掉，可减轻来年杂草为害大豆。玉米田适于中耕，有利于防治多年生杂草。小麦收获后，深松土层可消灭多年生杂草的地下根茎，又可避免深层草籽转翻到表土层而加重草害。厚垄播种、深松耙茬或浅松耙茬，保持原有土壤结构，有利于诱草萌发，然后集中灭草。大豆还可以与水稻轮作，由于水、旱田的杂草群落差异较大，因此可以收到良好的效果。例如，在大豆田生长的狗尾草、画眉草、牛筋草、苍耳、青葙、龙葵、反枝苋、蓳草、牵牛花、苘麻等，在水稻田不能存活，因为草种子被水渍后很多会失去发芽能力，种水稻后再种大豆杂草数量就会大量减少。

（三）土壤耕作

不同的耕作措施会改变杂草种子在耕层中的分布，使杂草萌发和生长发生差异，所以通过耕作能不同程度地消灭杂草幼芽和植株，达到不同的防治效果。深耕可以切断杂草地下根茎，截断营养输送。无论是春耕还是秋耕，为了使耕翻充分发挥灭草的作用，应普遍耕深达到20~25厘米。多年生杂草占有较大比重的耕地，耕深应达到30厘米。深耕是防除芦苇等多年生杂草的有效措施。东北地区春季干旱，秋翻后应及时进行表土作业。适时而又正确的表土作业不仅能保持土壤水分，还能够整平地面，粉碎土块，消灭新生杂草。翻地后的土表作业有耙地和镇压两个环节。耙地应在耕翻后1~2周，当地面出现一批小草时再耙，这样可以消灭更多的杂草。镇压能够诱发杂草种子萌发与出土，以便采取其他

土壤耕作

措施将杂草消灭。中耕培土是我国各地广泛采用的主要除草方法，中耕除草针对性强，干净彻底，技术简单，既能消灭大量行间杂草，也能消灭部分株间杂草，而且还给作物提供了良好的生长条件。在作物生长的整个过程中，根据需要可进行多次中耕除草。除草时要抓住有利时机，争取除早、除小、除彻底，留下小草会引起后患。

（四）其他方法

施用有机肥料或覆盖不含杂草籽实的麦秆等可减轻田间杂草的发生和危害。增施基肥、窄行密播，可充分利用作物群体抑草。调整播期，选用早熟品种晚播，播前封闭除草，可以消灭早春杂草，推迟晚春杂草萌发的时间，进而推迟苗后除草剂的使用时间，缓冲后期灭草压力。视天气、墒情、苗情、草情等辅以人工拔大草。大豆收获后深翻，可切割、翻埋、晒干、冻死各种杂草，为减轻下茬草害打下基础。火焰除草可用于撂荒地，也可用火焰发射器防除路旁杂草。

五、生物防除措施

利用生物防除农田杂草是防止除草剂污染的有利措施。杂草的生物防除是指利用杂草的天敌，如真菌、细菌、病毒、昆虫、动物、线虫等，将杂草种群密度压低到经济允许损失的程度以下。实际上，昆虫或微生物控制植物群体是一个已经进行了无数个世纪的自然过程，农业生产的发展促使人们有意识地利用这一途径来防除杂草。利用脊椎动物、植物竞争及异株克生防除农田杂草的报道也有增加，如鸭群在稻田中可吃掉部分杂草的草芽，浙江、江苏、湖北、四川、安徽等省开展稻田养鱼除草取得显著的经济效益。稻田混养草鱼、鲤鱼，对稻田中的 15 科 22 种杂草都有抑制作用，控制草害的效果可达 90% 以上。

农田杂草生物防除的途径包括天敌繁殖、天敌保护和天敌引进。天敌繁殖包括天敌的饲养、释放和改变环境条件来繁殖天敌。天敌保护是指自然控制，即在进行一切农业活动时要考虑每一项农业措施对天敌生长、繁殖的影响，如选用对天敌杀伤力小的除草剂，或改变施药方法达到保护天敌的目的。天敌引进指从其他地区引进当地没有的天敌，以增强天敌抑制杂草的作用。生物防除措施的引入将导致除草剂发展的重大变革。开发超高效、无毒、无污染的环境友好型除草剂是必然趋势，也是农业可持续发展的有力保障。

六、药物防除措施

（一）除草剂的使用原则与方法

1. 除草剂的使用原则　使用除草剂的目的是选择性地控制杂草，减轻或消除其为害，使农业高产稳产，因此选用除草剂的原则是高效、安全和经济。由于杂草与作物生长于同一农业生态环境中，其生长发育受土壤及气候因素的影响，为了获得好的防治效果，使用除草剂应根据杂草和作物的生育状况，要适时、适地、适量、适用，再结合耕作制度、栽培技术和环境条件采用适宜的技术和方法。

（1）正确选用除草剂种类　不同的除草剂，其作用特性和防治对象不同，对作物的安全性亦不同，应根据田间杂草发生特点、群落组成及自然条件选用适宜的除草剂。在东北大豆产区，杂草一般分四批出土。

除草

因此选用大豆田除草剂要有较长的持效期。连续使用单一种除草剂，特别是作用机制单一、靶标相同的除草剂，易引起杂草群落急剧变化，抗性杂草迅速增加。因此应选择杀草谱宽的除草剂，或采取两种或两种以上的除草剂混用，避免在同一块地连续使用同一种除草剂。

（2）正确选择施药技术　根据除草剂品种特性、杂草状况，确定单位面积最适宜用药量。选择质量好的喷药设备，喷洒均匀，不重喷、不漏喷。重喷易产生药害，而漏喷又不能保证药效。

（3）正确选择最佳施药时期　根据除草剂的特性，选择在最能发挥药效又对作物安全的时期施药，并严格按照除草剂的使用说明进行操作。除草剂按施用时间可分为播前土壤处理、播后苗前土壤处理和苗后茎叶处理。在生产中，播前土壤处理除草剂与播后苗前土壤处理除草剂配合使用，使杀草谱变宽；苗后茎叶除草剂于作物苗前使用，常用来防除田间已出土的杂草，苗后使用则用来杀死土壤处理时未被杀死的杂草。

（4）注意安全问题　除草剂虽然一般毒性较低，但使用时也应注意安全。在配制和喷药过程中要注意保护，应穿上防护衣，戴上帽子、口罩、手套。喷药结束后，要用肥皂水充分清洗手、脸和暴露的皮肤，用清水漱口，脱掉工作服，并用肥皂水清洗。清洗喷药用具，以免再次使用时对其他作物造成药害。

2. **除草剂的使用方法**　除草剂的使用方法因品种特性、剂型、作物及环境条件不同而有差异。不同的施用方法最终目的都是高效、安全铲除杂草，应该简便易行，省时省力。大豆田除草剂的施用方法主要有以下几种。

（1）播前土壤处理　该方法主要适用于易挥发与光解的除草剂，如

土壤处理

氟乐灵、灭草敌等。播前混土的除草剂能增加对1年生大粒种子深层出土的阔叶杂草和某些难以防除的禾本科杂草的防除效果。由于早期控制了杂草，可推迟中耕或使用苗后茎叶除草剂。

（2）播后苗前土壤处理　适用于通过根或幼芽吸收的除草剂，如乙草胺、异丙甲草胺等。

（3）苗后茎叶处理　茎叶喷药不受土壤质地和有机质的影响。施药有针对性，选择性强。但不像土壤处理那样有一定的持效期，茎叶处理只能杀死已出苗的杂草。因此，茎叶处理关键在于施药时间的确定。过早施药，大部分杂草尚未出土，难以收到好的效果；过晚施药，作物生长已经受到影响，得不偿失。茎叶喷雾时还要注意应在无风的晴天进行，多数品种如在喷药后3~6小时下雨应重喷。除草剂的水剂、乳油、可湿性粉剂均可兑水喷雾，但可湿性粉剂配成的药液在喷药时要边搅边施，以免发生沉淀，堵塞喷头。表面有蜡质的杂草，可在药液中加入湿润剂、展着剂，如常见的洗衣粉等。

（二）常用除草剂的使用技术

1.播前土壤处理

（1）48%氟乐灵乳油

①防除对象 以防除1年生禾本科杂草为主，兼防小粒种子阔叶杂草，如狗尾草、金狗尾草、马唐、千金子、画眉草、牛筋草、野燕麦等，还有苍耳、猪毛菜、藜、鸭跖草、马齿苋、繁缕等。

②使用技术 施药后一般间隔5~7天再播大豆；夏大豆于播前1~2天，整好地，用混土施药法施药，混土深度5~7厘米。每公顷用48%氟乐灵乳油100~150毫升，兑水100升，均匀喷雾于土表，并立即混土。

③注意事项 应注意，由于氟乐灵易光解、挥发，施药后必须立即混土。此药对已出土的杂草无效；对禾本科杂草效果好，对阔叶杂草效果差。

氟乐灵乳油

（2）5%咪唑乙烟酸水剂

①防除对象 对稗草、狗尾草、金狗尾草、马唐、野燕麦（高剂量）、苍耳、反枝苋、龙葵、香薷、水棘针、狼把草、柳叶刺蓼、酸模叶蓼、野西瓜、藜、鸭跖草、马齿苋、苘麻、豚草、曼陀罗、地肤等1年生禾本科杂草和阔叶杂草有良好防除效果，对多年生杂草苣荬菜、大蓟、刺儿菜等有抑制作用。

②使用技术　咪唑乙烟酸可在大豆播前、播后苗前进行土壤处理，或苗后早期（大豆 1~2 片复叶前）进行茎叶处理。用药量每 667 平方米为 1500~2200 毫升。春大豆播后苗前每 667 平方米用药量兑水 30 升，均匀喷雾。春大豆苗期（大豆 1~2 片复叶，杂草 1~4 叶期）每 667 平方米用药量兑水 30 升，均匀喷雾。

③注意事项　施药要均匀，不可重喷，注意风向，不要高空喷雾，以免飘移对敏感作物造成药害；用药过早、过晚，用量过大，都可能造成药害。初次使用本品，请植保技术人员指导；施药最好选择无风，空气相对湿度大于 65%，气温低于 28℃的气候条件下，晴天上午 8

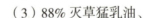

咪唑乙烟酸水剂

点以前，下午 5 点以后进行。用药 1 年后，后茬作物以种植大豆、小麦、玉米为宜。

（3）88% 灭草猛乳油、

①防除对象　对稗草、狗尾草、马唐、野燕麦、石茅高粱、野高粱、香附子、蟋蟀草、粟米草、猪毛草、马齿苋、鸭跖草、苘麻等有抑制作用。

②使用技术　于大豆播种前，整好地，田间泥块要整细，每 667 平方米用 88% 灭草猛150~200 毫升，兑水 100 升，或混细土 20 千克，均匀喷雾或撒施全田，施药后立即混土，混土深度为 5 厘米左右，混土后即可播种，播种深度一

灭草猛乳油

般不能超过 5 厘米。

③注意事项 灭草猛挥发性强，施药时要求边施药边混土，以免挥发而影响药效。灭草猛对已出土的杂草防除效果差，施药前必须铲除已出土的杂草。使用后，喷雾器具要清洗干净。

（4）5%普施特水剂

①防除对象 对稗草、狗尾草、马唐等 1 年生禾本科杂草和本氏蓼、苍耳、水棘针、苘麻、龙葵、野西瓜苗、藜、荠菜、反枝苋、马齿苋、狼把草、豚草、曼陀罗、地肤等阔叶杂草有抑制作用。

②使用技术 土壤处理用药量为每公顷 5%普施特水剂 1500~2200 毫升，茎叶处理用量

普施特水剂

为每公顷 1500 毫升。使用人工背负式喷雾器，土壤处理喷液量每公顷 300 升，茎叶处理每公顷 150~200 升；拖拉机喷雾器土壤处理喷液量每公顷 200 升，茎叶处理每公顷 150 升。

③注意事项 播前或播后苗前土壤处理时混土或耱蒙头土，在干旱条件下可保证药效发挥。苗后茎叶处理应选择早晚气温低、湿度大时施药，空气相对湿度较低时停止施药，否则影响药效。普施特土壤残留对后茬敏感作物会造成药害，应注意安排后茬作物的种类。

（5）50%、72%、96% 都尔乳油

①防除对象　主要用于防除 1 年生的禾本科杂草，并可兼治部分小粒种子的阔叶杂草。可防除的禾本科杂草有稗、马唐、狗尾草、画眉草、野菜、臂形草、牛筋草、千金子等。对反枝苋、马齿苋、辣子草等阔叶草也有较好的防除效果。

都尔乳油

②使用技术　在大豆播后苗前或播前土壤处理，田间药效期可达 2 个月左右。都尔的用药量随土壤质地和有机质含量而异。土壤有机质含量 3% 以下，沙质土每公顷使用 72% 都尔乳油 1350~1500 毫升；壤土处理每公顷使用 72% 都尔乳油 1950~2250 毫升；黏土每公顷使用 72% 都尔乳油 2550~2700 毫升。若土壤有机质含量 3% 以上，则每公顷相应提高用药量 300~500 毫升。天气干旱，土壤湿度小时，可浅混土，以提高除草效果。

乙草胺乳油

③注意事项　地膜田施药不混土覆膜。都尔作为播后苗前的土壤处理剂，对大多数作物安全，使用范围很广，但不能用于麦田和高粱田，否则用药后如遇较大降雨易产生药害。采用毒土法施药，应在下雨或灌溉前后进行最好，不然除草效果差。贮运和使用本品时，应遵守农药安全使用规定。

（6）50% 乙草胺乳油

①防除对象　乙草胺对 1 年生禾本科杂草具有较好的防除效果，也能防除部分阔叶杂草，但对大多数阔叶

杂草及多年生杂草防除效果较差。乙草胺可以用来防除稗草、马唐、狗尾草、金色狗尾草、野燕麦、看麦娘、日本看麦娘、画眉草、牛筋草、棒头草、千金子、臂形草等禾本科杂草；对鸭趾草、龙葵、繁缕、菟丝子、马齿苋、反枝苋、藜、小藜、酸模叶蓼、柳叶刺蓼、铁苋菜、野西瓜、香薷、水棘针、狼把草等阔叶杂草有一定的防除效果。乙草胺对多年生杂草基本无效，只能防除杂草的幼芽，不能防除成株期杂草。

②使用技术　乙草胺用于大豆播前或播后苗前土壤处理。夏大豆区每公顷用50%乙草胺乳油1050~1500毫升，黏土地用高量，沙壤土地用低量。在高温干旱或低温多雨情况下施药，大豆第一片复叶会出现药害，表现为叶片皱缩，第二片复叶长出时即恢复正常，对以后大豆生长基本没有影响。在东北春大豆田使用，当土壤有机质含量在5%以下时，每公顷用50%乙草胺乳油2250~3000毫升。土壤有机质含量在6%以上时，每公顷用量为3000~4005毫升。在施药后如遇低温多湿、田间渍水、用药量过大、受病虫危害等情况，或在大豆拱土期施药，乙草胺对大豆幼苗生长有抑制作用，表现为叶片皱缩，一般第三片复叶期以后大豆恢复正常生长。

③注意事项　东北低洼的豆田在低温、高湿的条件下施用50%乙草胺乳油易对大豆产生抑制作用。乙草胺对皮肤、眼睛有轻度刺激，应避免直接接触。若溅入眼中，应用清水冲洗，皮肤沾染应用肥皂水清洗。

（7）72%普乐宝乳油

①防除对象　普乐宝以防除禾本科杂草为主，兼防小粒种子的阔叶杂草。可防除的禾本科杂草有稗草、

普乐宝乳油

狗尾草、马唐、牛筋草、画眉草等；可防除的阔叶杂草有藜、反枝苋等。

②使用技术　72%普乐宝乳油用于大豆播前或播后苗前土壤处理。东北地区用量为每公顷1500~2250毫升，南方地区用量为每公顷1200~1500毫升。背负式喷雾器具体的喷药量为每公顷300升，拖拉机喷雾器具体的喷药量为每公顷200升。

③注意事项　土壤干旱会影响普乐宝的除草效果。低温多雨地区及低洼地可能出现药害。

（8）33%除草通乳油

①防治对象　对马唐、稗草、狗尾草、马齿苋、藜等1年生禾本科杂草及阔叶杂草有抑制作用。

②使用技术　大豆播种前，整好地，田间泥块要整细，每667平方米用33%除草通乳油200~250毫升，兑水70升，均匀喷洒于土表，施要后进行浅混土，混土一定要充分、均匀，混土后即可播种。

③注意事项　土壤沙性重、有机质含量低的田块不宜使用。大豆播种深度应在药层以下，以免种子直接接触药剂而产生药害。除草通对2叶期内的1年生杂草效果好，对2叶期以上及多年生杂草防除效果差，甚至无效。

除草通乳油

（9）48%氟乐灵乳油加70%赛克津可湿性粉剂

①防除对象　同氟乐灵、赛克津。

②使用技术　大豆播种前，田间泥块要整细，每667平方米用48%氟乐灵75毫升加70%赛克津30克，兑水50升，均匀喷洒于土表，施药

后立即进行浅混土，混土要充分、均匀，混土后即可播种。

③注意事项　防除杂草比氟乐灵、赛克津单用好，能有效防除 1 年生单、双子叶杂草。其他注意事项同氟乐灵、赛克津单用时一样。

（10）80% 治草醚可湿性粉剂

①防治对象　对稗草、千金子、鸭跖草、苋菜、本氏蓼、藜、马齿苋、龙葵、苘麻、豚草、鬼针草、猪毛菜、地肤、荠菜、锦葵、轮生粟米草等有抑制作用。

②使用技术　于地开沟粗平整后，每 667 平方米用 80% 治草醚 125~160 克，兑水 50 升左右，均匀喷雾于土表，施药后进行混土，混土深度为 2.5~7 厘米，混土要充分、均匀，混土后进行大豆播种。于大豆播种后至出

治草醚可湿性粉剂

苗前，每 667 平方米用 80% 治草醚 85~125 克，兑水 35 升左右，均匀喷洒于土表；如遇干旱，施药后进行浅混土，混土深度一般为 2~3 厘米。

③注意事项　治草醚对阔叶杂草防除效果好，对禾本科杂草防除效果差，对阔叶杂草与禾本科杂草混合发生的田块，可与氟乐灵、拉索等除草剂混用，以扩大杀草谱。治草醚施用后要混土，可减轻对作物的药害，

一般混土越深，药害越轻。

（11）48% 地乐胺乳油

①防除对象　可防除稗草、马唐、野燕麦、狗尾草、金狗尾草、臂形草、猪毛菜、藜、芥菜、菟丝子等1年生禾本科和一些阔叶杂草。对大豆菟丝子有独特防效。对后茬作物安全。

②使用技术　大豆播种前或播后出苗前进行土壤处理，用药量为每公顷 3~4.5 升。若只是为防除大豆菟丝子，可以进行茎叶喷雾处理，在大豆始花期（菟丝子转株为害时），采用药剂的 100~200 倍稀释液喷雾，每平方米喷药量为 75~150 毫升。人工背负式喷雾器喷液量为每公顷 300~450 升，拖拉机喷雾机喷液量为每公顷 150~300 升。

地乐胺乳油

③注意事项　土壤处理时喷药后一定要覆土，覆土厚度为 3~5 厘米。防除大豆菟丝子时，喷雾一定要均匀，使被菟丝子缠绕的茎都能接受药剂，以提高防除效果。

（12）50% 利谷隆可湿性粉剂加 48% 氟乐灵乳油

①防除对象　防除草种类同利谷隆和氟乐灵。

②使用技术　大豆播种前，整好地，田间泥块要整细，每 667 平方米用 50% 利谷隆 100 克加 48% 氟乐灵 75~100 毫升，兑水 35 升左右，均匀喷洒于土表，施药后立即混土，混土深度为 2~3 厘米，混土后进行播种。

③注意事项　使用注意事项同利谷隆和氟乐灵。

2.播后苗前土壤处理

（1）48%广灭灵乳油

①防除对象　广灭灵的杀草谱较宽，主要用于大豆田多种1年生禾本科杂草和阔叶杂草的防除，如稗草、狗尾草、马唐、野燕麦、牛筋草、藜、鬼针草、铁苋菜、狼把草、荠菜、香薷、野西瓜苗、酸模叶蓼、本氏蓼、篇蓄、龙葵、苍耳等，对多年生的刺儿菜、问荆、苣荬菜等也有抑制作用。

②使用技术　广灭灵是芽前除草剂，施药最佳时期应在杂草萌芽前，即在大豆播种后出苗前，或播

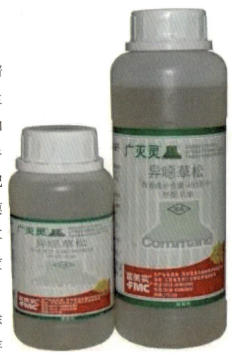

广灭灵乳油

种前混土施药。单用剂量为每公顷48%广灭灵乳油2250~2500毫升。也可以与其他农药混用以扩大杀草谱。如每公顷48%广灭灵乳油750~1000毫升加50%乙草胺乳油1000~1500毫升，或每公顷48%广灭灵乳油750~1000毫升加70%嗪草酮（赛克津）可湿性粉剂1000~1500克。在施广灭灵时应尽量缩短播种与施药时间的间隔。施药后应浅覆土，以免药剂挥发而造成损失。药剂的加水量根据使用的药械而定，拖拉机喷雾器喷药量为每公顷250升，人工背负式喷雾器喷药量为每公顷300升。

③注意事项　用药量要准确，药液要充分搅拌均匀，同时要调整好喷雾器，使喷雾均匀，做到不重喷、不漏喷。在使用人工背负式喷雾器

施药时，应顺着垄行走，保持步幅均匀，同时保持喷头高度一致。广灭灵一般不适宜苗后茎叶喷雾，苗前土壤处理施药后要立即覆土，播前施药可用圆盘耙交叉耙，深度为5~7厘米，或播后苗前施药耢蒙头土1~2厘米，以防风蚀和挥发。应根据土壤质地和有机质含量确定用药量：土壤有机质含量高或土壤为黏质土，可用高剂量；土壤有机质含量低或土壤为沙质土，用低药剂量；有机质低于2%的瘠薄土壤、易淋洗的沙壤土和pH值高于7.5以上的大豆田，不要用广灭灵与嗪草酮（赛克津）混用，否则会引起大豆药害。广灭灵的雾滴和气雾会随风飘到邻近的树木和其他作物上，可导致植物变白或变黄。广灭灵在剂量较高或施药不均匀时，可使后茬小麦严重受害，植株矮化、变白，产量降低。其他作物也有可能出现白化叶片。

（2）80% 阔草清干燥悬乳剂

①防除对象　对本氏蓼、藜、反枝苋、铁苋菜、苘麻、卷茎蓼、苍耳、水棘针、野西瓜苗、蓼、繁缕、猪殃殃、毛茛、地肤、龙葵等1年生阔叶杂草有抑制作用。

②使用技术　单用药量为每公顷80%阔草清干燥悬浮剂56~75克，兑水300升喷雾。若想兼治禾本科杂草，必须与禾本科除草剂混用。混用药量为每公顷80%阔草清干燥悬浮剂56~75克混加50%乙草

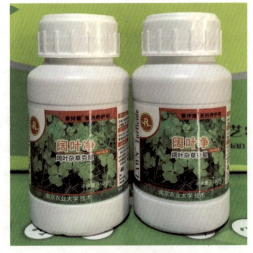

阔草清干燥悬乳剂

胺乳油 2.5~3 升，或混加 72% 都尔乳油 2 升。

③注意事项　施药前后土壤墒情对药效影响较大，土壤干旱情况下药效明显下降。使用阔草清一定要与禾本科除草剂混用。

（3）70% 赛克津可湿性粉剂

①防除对象　正常用量下，赛克津以防除 1 年生阔叶杂草为主，如反枝苋、荠菜、鬼针草、藜、蓼、马齿苋、繁缕、遏蓝菜等。每公顷用量达 1 千克以上时，可防除苋菜、水棘针、香薷、鼬瓣花、苘麻、茎蓼、苍耳等。

②使用技术　赛克津为芽前除草剂，使用时间为大豆播种后出苗前。单用赛克津剂量为每公顷 500~1000 克。根据施药时的气候和土壤条件确定

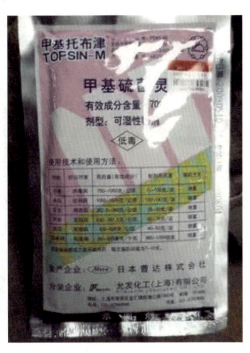

赛克津可湿性粉剂

用药量。注意土壤有机质含量太低的沙质土不宜使用，以免产生药害；土壤质地过于黏重的地块，使用剂量应增加 1 / 4。

赛克津可与都尔或乙草胺混用，以扩大除草谱，参考用量为每公顷 70% 赛克津可湿性粉剂 300~600 克加 72% 都尔乳油 1.5~2.5 升，或 70% 赛克津可湿性粉剂 300~600 克加 50% 乙草胺乳油 2~3 升。土壤有机质含量低的地块用低量，有机质含量高及黏重土壤用高量。

为保证药效，最好在播种后立即施药。人工背负式喷雾器喷药液量为每公顷 300 升，拖拉机喷雾器为每公顷 200 升。

③注意事项　土壤有机质含量 2% 以下的沙质土田块不要使用赛克津，以免雨水淋溶造成药害。

（4）50% 速收可湿性粉剂

①防除对象　以防除 1 年生阔叶杂草为主。对本氏蓼、酸模叶蓼、藜、鼬瓣花、铁苋菜、香薷、龙葵、反枝苋、鸭跖草、地锦、篇蓄、水棘针等有良好防除效果，对苍耳防除效果稍差，对禾本科杂草及多年生的苣荬菜有一定的抑制作用。

②使用技术　速收用于大豆播后苗前土壤处理，也可以在前 1 年秋季施药。用药量为每公顷 120~180 克。使用人工背负式喷雾

速收可湿性粉剂

器，喷药液量为每公顷 300 升，干旱时应增加喷药量。

③注意事项　速收对禾本科杂草虽有抑制作用，但防除效果很低，应与防除禾本科杂草的除草剂混用，以扩大杀草谱。如每公顷混加 90% 乙草胺乳油 1000~1500 毫升，或 72% 异丙甲草胺乳油 1500~3000 毫升。混用时可适当减少用量（1/3~1/2）。正常气候条件下对大豆安全，如果大豆出苗期遇强降雨，土壤表面药土溅到叶片及生长点上可造成药害，

若未造成整株枯死，植株还可以从子叶叶腋处生出新枝继续生长。

（5）50%禾宝乳油

①防除对象 该药是一种高效、广谱、安全的新型除草剂，可以有效防除多种1年生禾本科杂草和阔叶杂草，对马唐、稗草、牛筋草、狗尾草、大画眉草、千金子、虎尾草、酸模叶蓼、小藜、灰绿藜、反枝苋、刺苋、凹头苋、马齿苋、铁苋菜、鳢肠和龙葵等最有效，对部分多年生杂草和莎草科杂草也有明显的抑制作用。

②使用技术 50%禾宝乳油的用药量依土壤质地而定，沙质土壤用药量为每公顷1500~1800

禾宝乳油

克，黏土地及有机质含量高的地块用药量为每公顷1800~1950克。只能用背负式手动喷雾器或拖拉机喷雾器施药，严禁使用背负式机动弥雾机施药。施药要均匀，不要重喷和漏喷。施药后不要在地中践踏，以免破坏药土层而影响除草效果。

③注意事项 禾宝乳油最好在作物播种后3天内用药，庄稼苗出土后严禁用药；施药地块要精细整地，要求达到地平、土碎、无坷垃。天气干旱时，要在播种作物前先浇水补墒。夏季温度高，水分蒸发快，最好在下午四时后施药，中午前后及大风天气严禁施药。施药时药液不要

飘到相邻地块的作物上。

（6）20%豆磺隆可溶性粉剂

①防除对象　可有效防除藜、铁苋菜、香薷、野西瓜苗、本氏蓼、龙葵、反枝苋、卷茎蓼、水棘针、苘麻、苍耳等，对多年生的刺儿菜、苣荬菜等阔叶杂草也有抑制作用。

②使用技术　豆磺隆宜用作土壤处理，在大豆播种后 2~3 天施药，用药量为每公顷 20% 豆磺隆可溶性粉剂 60~75 克，兑水 300 升喷雾。配药时，先用少量的水将药粉充分溶解，再加足量的水搅拌均匀后喷雾。

豆磺隆可溶性粉剂

利谷隆可湿性粉剂

③注意事项　土壤干旱时会影响药效。豆磺隆以防除阔叶杂草为主，使用时应与乙草胺等禾本科杂草除草剂混用。

（7）50%利谷隆可湿性粉剂

①防除对象　对稗草、牛筋草、狗尾草、马唐、蓼、藜、马齿苋、鬼针草、苋菜、卷耳、猪殃殃、香附子、空心莲子草等有较好的防除效果。

②使用技术　一般在大豆播种后至出苗前，田间泥块要整细，每 667 平方米用 50% 利谷隆 150~200 克，兑水 50

升左右，均匀喷洒于土表。

③注意事项　大豆田使用，要求大豆播种深度为 4~5 厘米，过浅易产生药害。土壤有机质含量低于 1% 或高于 5% 时不宜使用；沙性重，雨水多的地区不宜使用。喷雾器具使用后要清洗干净。

（8）48% 拉索乳油

①防除对象　对稗草、马唐、狗尾草、蟋蟀草、马齿苋等 1 年生禾本科杂草及部分阔叶杂草以及菟丝子有抑制作用。

②使用技术　大豆播种后至出苗前，每 667 平方米用 48% 拉索乳油 150~300 毫升，兑水 60 升，均匀喷洒于土表；大豆出苗后，菟丝子缠绕初期，每 667 平方米用 48% 拉索乳油 200 毫升，兑水 30 升，均匀喷雾于被菟丝子缠绕的大豆茎叶。

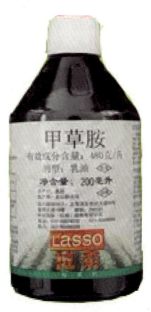

拉索乳油

③注意事项　拉索对已出土的杂草基本无防除效果，对双子叶杂草防除效果差。使用后半个月内不下雨，要抗旱或浅混土，以保证药效。拉索对眼睛有刺激作用，在配药时要采取保护措施。在菟丝子缠绕初期防除效果好，冒顶后防除效果就差。喷雾要均匀，喷雾要透过菟丝子缠绕的茎叶。

3. 苗后茎叶处理

（1）6.9% 威霸浓乳剂

①防除对象　对稗草、马唐、狗尾草、野燕麦、黑麦草、臂形草、

画眉草、牛筋草、野黍、雀麦、千金子等 1 年生和多年生禾本科杂草有抑制作用。

②使用技术 大豆出苗后，禾本科杂草 2~4 叶期进行茎叶喷雾，用药量为每公顷 6.9% 威霸浓乳剂 750~1050 毫升，人工背负式喷雾器喷液量为每公顷 300 升，拖拉机喷雾器为每公顷 200 升。

③注意事项 可与杂草焚、克阔乐、虎威等防除阔叶杂草的除草剂现混现用。加入表面活性剂可提高药效。避免药剂飘移到禾本科作物上。

（2）25% 虎咸水剂

①防除对象 对反枝苋、刺苋、凹头苋、铁苋

威霸浓乳剂

菜、龙葵、青葙、牵牛花、香薷、水棘针、狼把草、鳢肠、柳叶刺蓼、田旋花、酸模叶蓼、猪殃殃、藜、鸭跖草、马齿苋、繁缕、苘麻、苍耳等 1 年生阔叶杂草有效。

②使用技术 用做大豆苗后茎叶处理剂，用量为每公顷 1000~1500 毫升，大豆 1~3 片复叶期，杂草 2~4 叶期施药。在土壤水分、空气湿度适宜时，有利于杂草对虎威的吸收输导。长期干旱、低温和空气相对湿度低于 65% 时不宜施药。虎威在土壤中的残

虎咸水剂

效期长，用量过大时对白菜、高粱、玉米、小麦等后茬作物会产生药害，应引起注意。

③注意事项　本剂在土壤中残留时间较长，用量正常，后茬种小麦或续种大豆不会有药害，后茬种玉米、高粱可能有轻度影响。应均匀施药，严格掌握用药量，选择安全的后茬作物。大豆与其他敏感作物间作、混种时不宜使用。干旱等不良环境条件下使用本剂，大豆叶片生长有时会受到轻度抑制或叶片皱褶、褐斑、暂时萎凋，经1周后可恢复正常，不影响后期生长。首次使用本剂，或更新大豆品种及与其他药剂混配使用，须在当地植保部门指导下进行。加入适量助剂可显著提高药效。

（3）10% 禾草克乳油、5% 精禾草克乳油

①防除对象　精禾草克对禾本科杂草有很高的防除效果，可以防除的1年生禾本科杂草有野燕麦、看麦娘、日本看麦娘、臂形草、稗草、马唐、牛筋草、狗尾草、金狗尾草、千金子等；可以防治的多年生禾本科杂草有白茅、狗牙根、双穗雀稗、芦苇等。精禾草克对莎草及阔叶杂草无防除效果。

②使用技术　精禾草克具有很高的选择性，几乎所有的阔叶作物田都能使用。施药时期为禾本科杂草3~5叶期。用药量为每公顷50%精禾草克乳油750~900毫升。防除狗尾草、野菜时需增加至900~1050毫升。防除多年生杂草芦苇南方每公顷需1200~1500毫升，东北、内蒙古、新疆等为每公顷1500~1950毫升。在阔叶杂草多的

精禾草克

大豆田，精禾草克可以与苯达松、杂草焚、虎威等防除阔叶杂草的除草剂混用。精禾草克与上述除草剂混用，不影响精禾草克对禾本科杂草的防除效果，但对某些种类的阔叶杂草防除效果有所降低。在这种情况下，应适当提高阔叶除草剂的用量，使用配方量的上限。施用后需间隔 2~3 小时降雨才不影响药效。

③注意事项　为取得稳定效果，应对杂草进行普遍喷淋；土壤干燥或气候寒冷，杂草生长缓慢，叶面小而吸收药少，或以多年生禾本科杂草为主时，应适当增加用量。加水稀释时，要充分搅拌使其完全乳化。避免药物飘移到小麦、玉米、水稻等禾本科作物上。喷雾器使用前、后要清洗干净。本剂在高温、干燥等异常条件下，在作物叶面（主要是大豆）有时会出现接触性药斑，但以后长出的新叶生长正常。

（4）12.5% 拿捕净乳油

①防除对象　拿捕净可防除稗草、狗尾草、马唐、野燕麦、牛筋草、看麦娘、千金子、雀麦、芒稷、野黍等禾本科杂草。

②使用技术　拿捕净乳油用于大豆出苗后，禾本科杂草 3~5 叶期进行茎叶处理，东北地区用量为每公顷 1000~2000 毫升，喷药液量为每公顷 200 升。生长季节雨水充足，空气相对湿度大，气温高有利于药效发挥，可使用低用药量；反之，则应使用高用药量。

③注意事项　施药时高温会增加药剂的

拿捕净乳油

挥发量，应避开中午高温时段，选早晚气温低的时段进行。杂草苗龄大小对药效有影响，施药时大部分杂草应在 3~4 叶期，杂草分蘖后施药则药效会降低。

（5）15% 精稳杀得乳油

①防除对象　可防除稗草、野燕麦、狗尾草、金狗尾草、牛筋草、看麦娘、千金子、画眉草、雀麦、大麦属、黑麦属、稷属、早熟禾、狗牙根、双穗雀稗、假高粱、芦苇、野黍、白茅、匍匐冰草等 1 年生和多年生禾本科杂草。

②使用技术　精稳杀得用于大豆出苗后茎叶处理，禾本科杂草 3~5 叶期施药。环境条件好时用量为每公顷 750 毫升；较长时间的干旱少雨或杂草叶龄超过 5 叶时，用量为每公顷 1000 毫升。每公顷的喷药液量为 200~300 升。

③注意事项　精稳杀得是单防禾本科杂草的茎叶处理除草剂，可与虎威等防除阔叶杂草的茎叶处理剂现混现用，能够 1 次施药防除单、双子叶杂草。不能与激素类除草剂 2，4-D 等混用，以免降低药效。在药液中加入表面活性剂可以提高药效。

精稳杀得乳油

第四章 大豆主要病虫害防治

据调查，国内有记载的大豆病害有 37 种，其中发生普遍、为害较重的有大豆花叶病毒病、大豆胞囊线虫一病、大豆根腐病、大豆霜霉病、大豆炭疽病、大豆紫斑病、大豆灰斑病、大豆细菌性斑点病和大豆菟丝子等。中国大豆害虫有 232 种，其中发生普遍、为害较重的主要是蛴螬、大豆蚜、烟粉虱、蜻象、大豆食心虫、豆荚螟、大豆造桥虫、豆天蛾等。

一、主要病害

1. **大豆花叶病毒病**　大豆花叶病毒病普遍发生于全国各大豆产区，同时也是世界各地大豆的重要病害，严重影响大豆产量和品质。受害严重时，大豆结荚少或不结荚，褐斑粒多，一般减产 25% 以上，甚至高达95%，几乎绝产。

（1）症状　大豆花叶病毒病的症状差异很大，不同品种间或感病时期不同，或气温高低不同，表现的症状各异，大致有以下几种症状表现：

黄斑型：植株上叶片皱缩褪绿，呈黄色斑驳，叶脉变褐色坏死，叶肉上密生褐色坏死小斑点；或植株叶片上生大的黄色斑块，呈不规则形，叶脉变褐色坏死，一般老叶不皱缩，植株上部叶片多呈皱缩花叶状。

大豆花叶病毒病

芽枯型：病株茎顶或侧枝顶芽呈红褐色或褐色，萎缩卷曲，最后呈黑褐色枯死，发脆易断，植株矮化。开花期表现症状为多数花芽萎蔫不结荚。结荚期表现症状为豆荚上生圆形或不正形的褐色斑块，荚多变畸形。

重花叶型：病叶呈黄绿相间的斑驳，皱缩严重，叶脉褐色弯曲，叶肉呈泡状突起，暗绿色，整个叶片的叶缘向后卷曲。后期叶脉坏死，植株矮化。

皱缩花叶型：病叶呈黄绿相间的花叶而皱缩，叶片沿叶脉呈泡状突起，叶缘向下卷曲，叶片皱缩、歪扭，植株矮化，结荚少。

轻花叶型：叶片生长基本正常，肉眼观察有轻微淡黄色斑驳，摘下病叶透过日光见有黄绿相间的斑驳。一般抗病品种或后期感病植株多表现此症状。

褐斑粒：这是大豆花叶病毒病在籽粒上的表现症状，斑驳色泽随豆粒脐部颜色而异，褐色脐的籽粒斑驳呈褐色，黄白色脐斑纹呈浅褐色，黑色脐斑纹呈黑色。

（2）发生与传播　大豆花叶病毒主要在种子里越冬，成为第 2 年的初侵染源。种子带毒率高低与品种抗病性和植株发病早晚有关。感病品种的种子带毒率高，重者可达 80% 以上，开花前发病重的植株上结的种子带毒率亦高，为 30%~40%。抗病品种或开花后侵染发病的种子带毒率低。大豆花叶病毒主要通过大豆蚜、桃蚜、蚕豆蚜、苜蓿蚜和棉蚜来传播，也可通过汁液摩擦传播。

（3）防治方法　防治大豆花叶病毒病最经济有效的方法是选用抗病品种。全国各大豆产区均有一些较抗大豆花叶病毒病的品种，如鲁豆 4号、鲁豆 11 号、齐黄 28、齐黄 29 等。建立留种田，及时拔除病株，以无褐色斑粒的无病种子留作种用。及时防治蚜虫和加强肥水管理，可减轻发病。

2. 大豆胞囊线虫病　大豆胞囊线虫病主要分布于东北、华北、黄淮等大豆产区。一般减产 10%~20%，重者可达 30%~50%，甚至颗粒无收。

（1）症状　在大豆整个生育期均可为害，主要为害根部。被害植株生长发育不良，矮小，茎和叶片变淡黄色，荚和种子萎缩瘪小，甚至不结荚。田间常见成片植株变黄萎缩，根系不发达，侧根少，细根增多，根上附有白色的球状物（胞囊—雌虫），这是鉴别胞囊线虫病的重要特征。随着时间的推移，胞囊成熟，变为黄色或褐色。

大豆胞囊线虫病

（2）侵染与传播　胞囊线虫以卵在胞囊内于土壤中越冬，第2年春季卵孵化冲破卵壳进入土壤，雌性幼虫以口器吸附于寄主根上，经第3和第4期幼虫发育为成虫，而后雌虫体随着卵的形成而变肥大成柠檬状，即大豆根上所见的白色球状物。大豆胞囊线虫以卵在胞囊内于土壤中可存活3~4年，有的可达10年之久。随农机具、病株残体、粪肥、风雨和流水进行传播。

（3）防治方法　选用抗病品种。目前山东已选育出多个抗大豆胞囊线虫病的品种，有齐黄28、齐黄29、齐黄30等。与禾本科作物轮作，轮作时间要求较长，一般轮作3~4年便可大大降低受害程度，6~7年可基本消灭这一病害。严重地块可施用杀线虫剂进行防治，如在播种前施用甲基异柳磷能较好防治胞囊线虫病。

3. **大豆霜霉病**　霜霉病分布于全国各大豆产区，尤以气温冷凉的东北和华北地区发生普遍。一般发病率 10%~30%，减产 6%~15%，种子被害率 10% 左右，严重者达 26% 以上，大豆含油量降低 2.7%~7.5%。

（1）症状　大豆霜霉病损害幼苗、叶片、豆荚和籽粒。感病种子上的病菌侵染引起幼苗发病。当幼苗第 1 对真叶展开后，沿叶脉两侧出现褪绿斑块，后扩大半个叶片，有时整叶发病变黄，天气多雨潮湿时，叶

大豆霜霉病

背密生灰白色霉层。成株期叶片表面生圆形或不规则形、边缘不清晰的黄绿色斑点，后变褐色，叶背生灰白色霉层。病斑常汇合成大的斑块，病叶干枯死亡。病株常矮化，叶皱缩。严重时叶片凋萎早落，整株枯死。病粒表面粘附灰白色的菌丝层，内含大量的病菌卵孢子。

（2）发病与传播　病菌以卵孢子在种子、病荚和病叶里越冬，成为第 2 年的初侵染源。卵孢子夏季开始萌发游动孢子，通过胚芽进入生

长点，蔓延至真叶和芽。以后病组织上生出大量孢子囊，随风、雨、气流传播。孢子萌发后产生芽管，再侵入寄主。每年 6 月中下旬开始发病，7~8 月是发病盛期。影响病害流行的主要因素是雨量和温度，多雨年份发病严重。

（3）防治方法　选用抗病品种。严格清除病粒，选用无病种子，并进行种子消毒。实行 3 年以上轮作。合理密植，增施磷、钾肥等均可达到一定的防治效果。发病初期及时喷施杀菌剂。

4. **紫斑病**　紫斑病广泛分布于全国各大豆产区。感病籽粒除表现紫斑外，有时龟裂、瘪小，严重影响大豆籽粒质量，但对产量影响不明显。感病品种的紫斑粒率一般为 15%~20%，严重时达 50% 以上。

（1）症状　主要损害豆粒和豆荚，也侵染茎和叶片。豆粒上症状多呈紫红色。病轻时在种脐周围形成放射状淡紫色斑纹，严重时种皮大部

大豆紫斑病

分变紫色，常龟裂粗糙。黑霉豆是紫斑的另一特征，豆粒上病斑呈褐色至黑褐色，干缩有裂纹。豆粒紫、褐或黑褐色。豆荚上病斑呈圆形至不规则形，灰黑色，干后变黑色。叶上病斑多呈圆形或多角形，多沿叶中脉或侧脉两侧发生，褐色或红褐色，上生黑色霉层。茎上病斑多梭形，红褐色，上生微细小黑点。

（2）发病与侵染　病菌以菌丝体或子座在豆粒或病株残体上越冬，成为第2年初侵染源。播种病粒后，病菌从种皮发展到子叶，产生大量的分生孢子，随气流或雨水传播到叶片、豆荚和籽粒上重复传染。大豆开花和成熟期的气候条件与紫斑粒的形成关系密切，结荚期多雨高温有利于病害流行。

（3）防治方法　采用抗病品种，一般抗病毒的品种也抗紫斑病。精选无病种子，并进行种子消毒。实行合理轮作，及时秋耕将病株深埋土里，减少侵染病源。结荚期进行药剂防治，可减轻发病。

5. **灰斑病**　灰斑病普遍发生于国内各大豆产区，感病品种百粒重下降，一般减产15%以上，品质变劣。

（1）症状　主要损害叶片，也侵染茎、荚和种子。叶上病斑呈圆形、椭圆形或不规则形，病斑中央灰色，边缘红褐色，叶背面生灰色霉层。严重时病斑密布，叶片干枯脱落。茎上病斑呈椭圆形，中央褐色，边缘红褐色，密布细微的黑点。荚上病斑呈圆形、椭圆形，中央灰色，边缘红褐色。豆粒上病斑呈圆形至不规则形，中央灰色，边缘暗褐色，状似"蛙眼"。

（2）发病与侵染　病菌以分生孢子或菌丝体在种子或病株上越冬，成为第2年的初侵染源。病种子长出幼苗后，子叶上形成的分生孢子借

灰斑病

风雨传播进行重复侵染。山东一般6月上中旬叶片开始发病，7月中旬进入发病盛期。豆荚从嫩荚期开始发病，鼓粒期为发病盛期，7~8月份遇高温多雨年份发病重。

（3）防治方法 选用抗病品种。严格精选无病种子，并进行种子消毒。彻底清除病株残体，及时秋耕，将病株残体深埋。实行3年轮作，合理密植。在发病初期及时喷洒药剂。

6.大豆根腐病 大豆根腐病在我国主要分布于东北和黄淮大豆产区。山东省以枣庄、济宁、青岛、潍坊、威海和临沂等地发生较多。

（1）症状 病株在3~4片复叶期以后，叶片由下而上逐渐变黄，植株矮化，结荚少，严重时植株死亡。侧根从根尖开始变褐色，以后变黑腐烂，主根下半部出现褐色条纹，以后逐渐扩大，表皮及皮层变黑腐烂，严重时主根下半部全部烂掉，甚至枯萎死亡。

大豆根腐病

（2）发病与侵染　　大豆根腐病主要为病土传染。在大豆 1~2 片复叶期间开始发病，侧根变褐色，4~5 片复叶期主根受侵染，侧根死亡后不断萌发鸡爪状新根，地上部开始出现黄叶。大豆开花结荚期为发病高峰期，田间出现大量黄叶，病株矮化，严重受害株根系全部腐烂，病株死亡。遗留在田间的病株残体是次年的初侵染源。田间病害扩展主要靠流水和耕作活动。大豆连作地发病最重。土壤缺肥病害较重。播种时施肥病情指数降低。大豆出苗至开花期雨量充沛，降雨均匀，大豆根腐病发病轻；天气干旱少雨，大豆缺水，病害发生较重。

（3）防治方法　　选用抗耐病品种。与玉米、谷子、甘薯、花生等非寄主作物轮作。播种时增施钾肥、磷肥、农家肥等。干旱时，及时浇水、中耕、除草等可提高大豆的抗病能力，减少损失。用杀菌药剂拌种也有较好的防病效果。

7. 大豆细菌性斑点病 大豆细菌性斑点病分布于东北、黄淮和南方大豆产区。北方较南方发生普遍而严重。

（1）症状 主要损害叶片，也侵染幼苗、叶柄、茎、豆荚和籽粒。叶上病斑初呈褪绿的小斑点，半透明，水浸状，后转黄色至淡褐色，扩大成多角形或不规则形，直径 3~4 毫米，变为红褐色至黑褐色，病斑边缘具黄色晕圈，在病斑背面常溢出白色菌脓，病斑常合并成枯死的大斑块，导致下部叶片早期脱落。荚上病斑初呈红褐色小点，后变黑褐色，多集中于豆荚的合缝处。种子病斑呈不规则形，褐色，上覆一层细菌菌脓。茎和叶柄形成黑褐色水渍状条斑。

大豆细菌性斑点病

（2）发病与侵染 细菌在病种子和病株残体里越冬，成为次年初侵染源。病菌在未腐烂的病叶里可存活 1 年，在土壤内不能永存。播种病种子能引起幼苗发病，并借风雨进行再侵染。病原细菌从气孔侵入，在寄主叶组织的细胞间生长，细菌的黏液和寄主组织的汁液很快充满这些空腔，使病斑呈水渍状。细菌分泌出毒素使病斑周围形成黄色晕环。细菌发育适温为 25℃~27℃，最高为 37℃，最低为 8℃，致死温度为 47℃。气温低、多雨露天气有利于发病，暴风雨后易流行。

（3）防治方法　选用抗病品种。播种前用杀菌剂处理种子，可消灭菌源。选用无病种子，从无病田留种。秋季收获后，深翻地，清除田间寄主残株。与禾本科作物实行 3 年以上轮作。刚开始发病时喷施多菌灵、代森锌等杀菌剂。

8. 大豆炭疽病　大豆炭疽病分布于我国东北、黄淮流域和南方主要大豆产区。

（1）症状　主要损害茎秆和豆荚，也可侵染幼苗和叶片。茎上病斑椭圆形至不规则形，灰褐色，常包围茎部产生大量黑点，为病菌的分生

大豆炭疽病

孢子盘。子叶上的病斑多发生在边缘，呈半圆形，褐色或暗褐色，干缩后凹陷。成株期叶片上病斑圆形或不规则形，初期为淡红褐色，周围具淡黄色晕纹，后变暗褐色，生有小黑点。荚上病斑近圆形，红褐色，后变灰褐色，有时呈溃疡状，略凹陷，病斑上的黑点略作轮纹状排列。早期侵染的豆荚多不结实，或虽结实，但豆粒皱缩干秕，变暗褐色。

（2）发病与侵染　病菌以菌丝体在带病种子上或病株组织内越冬，成为第 2 年的初侵染源。种子内的菌丝体经 1~2 年仍有活力，分生孢子在干燥的条件下经 12 小时失去萌发力。带病种子播种后，病菌直接侵染子叶。子叶上病斑产生的分生孢子和越冬病株组织内菌丝产生的分生孢子，可借风雨重复侵染。

幼苗发病与土壤温湿度及幼苗出土关系密切。土壤温度低，出苗期延长，发病较重。如土温为 14℃，大豆幼苗 11 天出土，病苗率为 85.7%；土温为 31℃，幼苗 4 天出土，病苗率仅为 29.9%。土壤过分干燥，也延长大豆幼苗出苗期，受害也较重。土壤湿润，大豆经 5 天出苗，病苗率为 12.6%；土壤干燥，大豆经 8 天才出苗，病苗率为 100%。大豆成株期如遇高温多雨天气，则有利于炭疽病流行。

（3）防治方法　处理田间病株残体，减少初侵染源。适时播种，保墒，促使幼苗早出土，可降低幼苗被侵染的概率。与非寄主植物实行 3 年以上轮作。用杀菌剂拌种。在开花后，发病初期喷洒杀菌剂也可起到较好的防治效果。

9.**大豆菟丝子**　大豆菟丝子，又名土丝、黄豆丝、无根草和黄丝藤等，是一种恶性杂草。损害大豆普遍而严重的种类有欧洲菟丝子和中国菟丝子两种。一株菟丝子可缠绕大豆 100 株以上，多的可达 300 株，一般减产 5%~10%，严重者达 40% 以上。

（1）形态特征　菟丝子茎呈丝状，橘黄色或黄色，光滑无毛，向左缠绕于大豆茎上，以吸器伸入大豆茎内吸收营养和水分，无根。叶片退化呈鳞片状，膜质。花黄白色，多数簇生一起，呈绣球形，花梗粗短或无，苞片 2，花萼 5 裂，基部相连，呈杯状，花药卵形。子房半球形，有 2 室，每室有 2 个胚珠，能生成 4 粒种子。蒴果扁球形，萼片和花冠紧抱子房。种子近圆形，长 1.3 毫米，宽 1.1 毫米，黄褐色或黑褐色，表面粗糙。

大豆菟丝子

（2）发生与危害　山东省夏大豆田，大豆菟丝子出土期在 6 月中旬至 7 月下旬，寄生蔓延期在 6 月下旬至 8 月下旬，现蕾、开花、结果期在 7 月下旬至 10 月上旬，果实成熟期在 8 月下旬至 10 月大豆收获期为止。大豆菟丝子出土比大豆晚 10~15 天，果实成熟期比大豆早 15~20 天。菟丝子幼芽出土后缠绕固定大豆，以后开始分枝和蔓延。

表土日平均 13℃以上大豆菟丝子种子开始发芽，25℃~30℃发芽出土最快。土壤绝对含水量 15%~30% 为发芽适宜范围。

幼芽萌发时先长出白色较粗的圆锥形胚根，幼芽为黄白色细丝，弯曲延长，伸出土面，一遇寄主即缠绕攀缘，紧紧吸住寄主，下段幼茎就逐渐干枯与胚根脱离，完全靠寄主生活。在阴雨高湿条件下生长快。线茎有很强的再生能力，在寄主上如残留一段有吸盘的茎段，就能再生长发育。

大豆菟丝子主要靠种子传播，混有菟丝子的土壤、粪肥和作物种子是主要传播来源。其次也可由风、水和鸟兽传播。

一般情况下，大豆菟丝子在大豆连作田发生较重。大豆菟丝子幼芽发生期降水多，土壤湿度大，有利于菟丝子的发生。

（3）防治方法　与禾谷类作物、甘薯等非寄主作物实行 3 年以上轮作。播种前用适当筛孔的筛子精选大豆种子。施用经高温腐熟的有机肥。深翻大豆田，将菟丝子的种子深埋。在菟丝子开花结果前及早割除缠绕有菟丝子的大豆，并焚烧和深埋。于菟丝子缠茎并开始转株时，用草甘膦乳油、胺草磷乳油和地乐胺乳油等除草剂喷洒，或用鲁保 1 号生物除草剂防治。

二、主要虫害

1. 棉红蜘蛛

（1）为害　棉红蜘蛛，俗名火蜘蛛，全国各大豆产区都有发生，尤以黄淮海、长江流域大豆受害较重。除为害大豆外，还为害其他豆类、棉花、瓜类、禾谷类、甘薯、芝麻等作物，是一种杂食性害虫。成蛛和若蛛均可为害，在大豆叶片背面或花簇上，吐丝结网吸吮汁液，受害豆叶最初出现黄白色斑点，而后叶片局部或全部卷缩、枯黄、脱落。

棉红蜘蛛

（2）生活习性　在黄淮流域，一年发生十余代，以秋末交配过的雌虫在枯叶内、杂草根际、土块缝内越冬，翌年春先在杂草上为害，当大豆出苗后陆续转移到豆苗上为害，7月中下旬为为害盛期，8月上旬以后为害减轻。最适宜的温度为 29℃ ~30℃，最适宜的相对湿度为 35%~55%，干旱少雨年份发生重。

（3）防治　清除田边杂草，消灭越冬虫源。在点片发生时，用杀螨类药剂防治。

2. 烟粉虱

（1）为害　烟粉虱，别名棉粉虱，在我国南方大豆产区发生较重。近几年由于气温升高、连年干旱和保护地面积的扩大，烟粉虱的发生范围和为害程度不断扩大和加重，已成为黄淮海大豆产区的一大虫害。烟粉虱为杂食性害虫，主要为害大豆、棉花、烟草、菜豆、甘薯和马铃薯等。成虫和若虫均可为害，但以若虫为害更严重，刺吸叶片和嫩茎的汁液，导致大豆组织损伤、枯萎，并分泌蜜露污染叶片，诱发霉污病，还可传播植物病毒，引发病毒病。

烟粉虱

（2）生活习性　一年发生多代，7~8月份大豆生长发育中后期发生较多。成虫喜在温暖无风的白天活动，喜在顶端嫩叶上为害，卵多产在叶背面。1龄若虫在叶背面爬行，2龄以后以口器刺入寄主叶背组织内，固定不动吸食汁液。在高温高湿的条件下适宜发生繁殖，暴风雨常可以抑制其大量发生。

（3）防治　用扑虱灵、吡虫啉防治。菊酯类药对烟粉虱防效甚微。也可利用寄生蜂等天敌进行生物防治。

3. 大豆造桥虫

（1）为害　分布于我国各大豆产区，为害豆类、花生、棉花等作物，幼虫食害大豆叶片成缺刻或孔洞，严重时可将叶片吃光。

大豆造桥虫

（2）生活习性　以蛹在土壤中越冬。夏季约40天完成一代，卵期5天，幼虫期18~21天，蛹期9~10天，成虫寿命6~8天。成虫羽化后

1~3天交配，交配后第2天产卵，卵散产在土缝或土面上，雌蛾产卵量较多。成虫日伏夜出，飞翔力弱，有趋光性。幼虫不活泼，在豆株上似嫩枝状。

（3）防治　在成虫发生盛期，用黑光灯诱杀成虫。对发生重的豆田要进行冬耕，消灭土中越冬蛹。在幼虫为害盛期，可用触杀性药剂防治。

4.豆天蛾

（1）为害　豆天蛾，俗名豆虫，在全国各大豆产区都有发生，为害大豆、绿豆等豆科植物。幼虫食害大豆叶片，造成缺刻和孔洞，严重时可将成片豆叶食光，造成光秆，以至不能结荚而颗粒无收。

（2）生活习性　山东、河北、江苏等省份一年发生1代，以幼虫在土中越冬，越冬场所多在豆田或豆田周围。6月幼虫移至土表，作土室

豆天蛾

化蛹，7~8月份羽化为成虫。成虫昼伏夜出，白天躲在生长茂密的玉米茎秆和穗上，豆田极少发现，傍晚开始到豆田活动。成虫产卵较多，平均

为 350 粒。成虫有趋光性。幼虫有背光性，4 龄前幼虫白天在叶背面，5 龄后因体重增加，叶片支持不住，便迁移到分枝上。幼虫老熟后入土越冬，体呈马蹄形居于土中。

（3）防治　春、秋翻地时拾虫。在幼虫 3 龄前喷洒杀虫剂进行防治。人工捕蛾或利用黑光灯诱杀成虫。

5. 点蜂缘蝽

（1）为害　点蜂缘蝽主要分布于黄淮和南方大豆产区，为害大豆、蚕豆、棉花、水稻等作物。刺吸大豆荚、叶、茎的汁液，造成豆粒和叶片萎缩。

（2）生活习性　以成虫越冬。卵产于叶上，5~6 粒为一块。第一代成虫发生期为 7~8 月，为害夏大豆。

点蜂缘蝽

（3）防治　在成虫发生盛期和产卵盛期，可用杀螟松等药剂防治。在 7~8 月间，发现田间若虫多时，可及时喷洒药剂防治。

6. 大豆蛴螬

（1）为害　蛴螬是金龟甲幼虫的总称。为害大豆的蛴螬主要有暗黑腮金龟、华北大黑腮金龟、铜绿丽金龟、黑褐丽金龟等。大豆全生育期均可受到蛴螬为害。蛴螬食性杂，除为害大豆外，还为害花生、甘薯、禾谷类作物和蔬菜。成虫为害子叶和嫩芽。幼虫为害根部，在大豆生长期为害，使大豆多形成枯死株或地上部表现正常而根系受害。受害大豆一般减产 10%~20%，严重者达 50% 以上。

（2）防治　大豆播种期可用药剂拌种或施毒土防治苗期蛴螬，如应用卵孢白僵菌拌土，防治效果可达 87%。在

大豆蛴螬

大豆生长期，可于 7 月中下旬蛴螬低龄期或大豆花荚初期用杀虫剂拌土，顺垄撒施后覆土，虫量可减少 80%~94%。成虫可用黑光灯诱捕或榆树枝诱杀。

7. 大豆食心虫

（1）为害　大豆食心虫又名大豆蛀蛾、小红虫、豆荚虫，主要分布于东北、华北、华东和西北等地。大豆食心虫的食性单一，仅为害大豆、野生大豆等。幼虫蛀食豆荚和豆粒，被害豆粒形成虫孔、破瓣，严重时整个豆粒被吃光，影响大豆产量和品质。

（2）生活习性　大豆食心虫 1 年发生 1 代，以老熟幼虫在土中作茧越冬，次年 7 月下旬越冬幼虫开始移至土表化蛹，8 月上中旬为化蛹盛期，8 月下旬为产卵盛期，8 月中旬至 9 月上旬为卵孵化盛期，幼虫入荚在 8 月下旬至 9 月中旬，9 月下旬至 10 月上旬大豆成熟，老熟幼虫脱荚入土结茧越冬。幼虫越冬后，随温度升高常咬破土茧向上移动，移至适宜位

大豆食心虫

置重作新茧潜伏。羽化后，成虫从越冬场所飞往豆田，多潜伏在大豆叶背、茎秆和豆荚上，下午开始活动，黄昏活动最盛，对黑光灯有较强的趋性。卵主要产于豆荚上。大豆食心虫的蛹期约 12 天，卵期 6~7 天，幼虫入荚为害期 20~30 天。

（3）防治 选用抗或耐大豆食心虫的品种。实行合理轮作。幼虫化蛹和成虫羽化期增加中耕次数，以降低羽化率。大豆成熟时适当早收 2~3 天，使部分幼虫来不及脱荚，以降低越冬虫源基数。于成虫羽化和卵孵化盛期，幼虫蛀荚前，用杀螟松等药剂防治成虫和初入荚幼虫。在幼虫脱荚期喷施白僵菌制剂，防止幼虫入土越冬。在成虫盛发期用螟黄赤眼蜂，可降低为害程度。

8. 豆荚螟 豆荚螟俗称豆蛀虫、豆荚虫，分布范围很广。除大豆外，还为害刺槐、绿豆、豌豆、菜豆、扁豆等豆科植物 60 余种。

豆荚螟

（1）为害　以幼虫蛀入荚内食害豆粒造成减产。春大豆被害荚率为30%~40%，夏大豆被害荚率为20%~30%。大豆受害后，结荚期豆荚干秕，不结籽粒；鼓粒期豆粒被食，降低产量和品质。

（2）生活习性　豆荚螟在鲁北1年发生3代，1代为害刺槐，2代为害春大豆，3代为害夏大豆，以幼虫在豆田或场边草垛下1~3厘米土内结茧越冬，越冬幼虫4月中旬开始化蛹，6月上旬为越冬代成虫盛发期。9月下旬末代末龄幼虫脱荚入土，结茧越冬。

成虫白天隐藏在寄主叶背或田边草丛间，对黑光灯趋性较强。卵多产在豆荚表面凹陷处。初孵化幼虫先在豆荚表面爬行，然后蛀破荚皮，蛀入荚内。幼虫入荚后，将嫩粒蛀成小孔，在粒中蛀食。幼虫一生能食4~5个豆粒，为害1~3个豆荚。

春大豆播种越早受害越重。品种的抗虫性也存在一定差异。多荚毛品种，荚毛的开张角度大，荚毛粗硬等，不适合豆荚螟产卵，抗虫性强。冬季低温和春季降雨对越冬幼虫不利。螟害发生期内，降水对蛹的影响最大，降水量大对蛹有明显的抑制作用。发生程度还与天敌数量有关。豆荚螟的幼虫寄生天敌有黑胸茧蜂、金小蜂和扁腹小蜂等。

（3）防治方法　大豆田冬灌，场边堆草诱杀越冬幼虫均能降低越冬虫源基数，减轻次年为害。春大豆适期晚播，可大幅度降低为害程度，并起到切断3代虫源的作用，减轻夏大豆受害程度。选用抗虫品种，如跃进4号、鲁豆13号等也可减轻为害程度。成虫发生盛期或卵孵化盛期，用敌杀死等药剂进行叶面喷雾也可防治豆荚螟。

9.豆秆黑潜蝇

（1）为害　豆秆黑潜蝇广泛分布于黄淮和南方大豆产区，除为害大豆外，还为害绿豆、红小豆、菜豆、豇豆等多种豆科作物，为害寄主植物的主茎、分枝及叶柄的髓部，其粪便充满髓腔。山东春大豆受害率70%~80%，夏大豆受害率100%。受害大豆一般减产30%左右，严重者达50%以上，甚至绝产。

（2）生活习性　在鲁北地区，豆秆蝇1年发生5代，以蛹在大豆及其他寄主的根、茎和秸秆中越冬。越冬蛹次年6月上旬末开始羽化，羽化后2~3天产卵。卵经3~4天孵化为幼虫，幼虫发生高峰在7月上旬。第1代幼虫主要为害春大豆。1代成虫发生期在7月中旬。

成虫飞翔力差，多在中下部叶片间隐藏。卵多产在叶脉主脉附近表皮下的组织内。初孵化幼虫在叶表皮取食，沿主脉穿通叶脉、小叶柄、叶柄、分枝而后到达主茎，并蛀食髓及木质部。大豆生长后期，主茎老化，4~5龄幼虫多在分枝和叶柄内蛀食为害。老熟幼虫在茎壁上咬一羽化孔，

豆秆黑潜蝇

并在被害部末端羽化。

若越冬蛹数量大，第1代有效虫源增加，为害重。播种晚，大豆幼苗生长发育缓慢，受害加重。主茎较粗，分枝较少，节间较短的有限结荚春大豆品种受害较轻。

（3）防治方法 在越冬代成虫羽化前，处理寄主作物秸秆。深翻豆田，消灭部分虫源。增施有机肥，适时早播，实行轮作换茬。在成虫盛发期，喷施杀螟松、辛硫磷、杀虫脒等杀虫剂。